机器人机械部件生产与组装

主　编　林　光

参　编　杨强华　张扬吉　章安福　匡伟民　温利莉　陈鸿杰
何子健　邹　攀　陈延峰　邓米美　张　婷

机 械 工 业 出 版 社

本书是一本针对工业机器人专业机电一体化基础知识学习和操作技能的工作页，通过机器人机械部件生产与组装，介绍了机械制图、三维软件绘图、钳工基础操作技能、普通车床操作技能、普通铣床操作技能等基础知识和技能，内容包括机器人三维建模与组装驱动、机器人底座的生产与组装、机器人的生产与组装。本书以项目为载体，以技工学校学生的认知规律为依据，根据由简单到复杂的规律，采用机器人为本体设计教学项目和教学任务，充分体现了“做中学，学中做”。

本书可以作为技工学校工业机器人应用与维护专业及相关专业的教学用书，也可作为相关专业人员的参考用书。

图书在版编目（CIP）数据

机器人机械部件生产与组装/林光主编. —北京：机械工业出版社，2023.5

ISBN 978-7-111-72323-3

Ⅰ.①机… Ⅱ.①林… Ⅲ.①机器人-机械元件-生产工艺②机器人-机械元件-组装 Ⅳ.①TH16

中国国家版本馆CIP数据核字（2023）第031573号

机械工业出版社（北京市百万庄大街22号 邮政编码100037）
策划编辑：侯宪国　　责任编辑：侯宪国
责任校对：潘　蕊　邵鹤丽　　封面设计：马精明
责任印制：单爱军
北京虎彩文化传播有限公司印刷
2023年6月第1版第1次印刷
184mm×260mm · 10.5印张 · 253千字
标准书号：ISBN 978-7-111-72323-3
定价：39.80元

电话服务　　网络服务
客服电话：010-88361066　　机　工　官　网：www.cmpbook.com
010-88379833　　机　工　官　博：weibo.com/cmp1952
010-68326294　　金　书　网：www.golden-book.com
封底无防伪标均为盗版　　机工教育服务网：www.cmpedu.com

前言

随着工业 4.0 及中国制造 2025 等概念的持续推进，我国工业机器人产业蓬勃发展。工业机器人的学习是以机电一体化知识作为基础的，而机电一体化的基础是机械加工。学习完本课程后，学生应当能够胜任工业机器人本体的生产与组装工作，并养成良好的职业素养。

本书力求体现“学习的内容是工作，通过工作实现学习”的教学理念，结合职业技能培养目标，注重工学一体教学；教材内容统筹规划，合理安排知识点、技能点，避免重复；教学形式活泼，充分体现学生在“做中学，学中做”，以学生为主体，教师为引导的教学原则，实现教、学、做为一体的教学理念；课程实现任务化、模块化和综合化，主次分明，重点突出，简单易懂。具体包括：

1. 通过完成特定机器人本体各零部件的三维建模及组装，学会使用绘图软件，了解机械制图标准、建模思路及识图方法，并能根据机器人本体不同类别零部件的具体参数要求，使用软件完成各零部件的三维建模及组装。

2. 通过完成特定机器人底座各零部件的加工及装配，掌握钳工、普通车工、铣工的操作技能，能根据机器人底座各零部件的具体技术要求正确选择设备、工具，制订加工工艺，完成机器人底座的加工与装配。

3. 通过完成机器人手臂连接轴等各个部件的产品加工任务，掌握数控车床和数控铣床的操作技能、数控车床的加工指令和编写格式、数控编程软件的建模和加工程序的编写，液压传动、气压传动等相关知识，能根据不同类别零部件的具体技术要求，完成各个部件的产品加工。

4. 通过完成特定机器人本体的装配，掌握装配技能、装配工艺规程、减速器的速度计算和传动比计算，能通过使用正确的装配方法，对机器人本体和夹具进行正确装配及调试，完成机器人的总装及调试任务。

由于编写时间仓促和编者理论知识、实践能力有限，书中难免有错误和不妥之处，恳请读者批评指正。

编　者

目 录

项目一

机器人三维建模与组装驱动

学习任务一　机器人5轴电动机座机械制图

学习目标

1. 能够注写出5轴电动机座零件图上的技术要求。
2. 能够口头复述工作任务并明确任务要求。
3. 能够完成机器人5轴电动机座派工单的填写。
4. 能够正确使用绘图板和丁字尺。
5. 能够正确使用三角板。
6. 能够正确使用圆规和分规。
7. 能够正确选择图纸幅面和格式。
8. 能够正确绘制相关线条。
9. 能够正确绘制多边形。
10. 能够正确绘制相切圆或圆弧。
11. 能够正确理解三视图的投影规律。
12. 能够正确绘制三视图。
13. 能够完成机器人5轴电动机座机械制图计划表的填写。
14. 能够发现计划中的不足。
15. 能够对计划提出可行的建议。
16. 能够有条理、按计划完成电动机座三视图的绘制。
17. 能够按照ISO绘图标准进行检测。
18. 能够接受反馈的信息。
19. 能够正确地进行自检。
20. 能主动获取有效信息，展示工作成果，对学习与工作进行总结反思，能与他人合作，进行有效沟通。

建议学时

36学时。

工作情境描述

某机器人公司要生产某品牌机器人，设计部已完成该品牌机器人的本体设计，现需要生产样品（6台）进行测试，该公司负责人了解到我院现有的设备、师资水平、生产能力均能满足该品牌机器人本体的生产，故找到我院并将生产样品的任务交予我院。现教师给同学们布置了机器人5轴电动机座三视图的绘制任务。

接到本任务后，需要按机械制图标准（视图、线形、特征的表达、尺寸的标注）利用学院现有的绘图工具，在规定时间内完成机器人5轴电动机座三视图的绘制，遵循8S管理。

教学流程与活动

一、获取信息

1. 阅读任务书，明确任务要求（1学时）
2. 绘图工具的使用方法（2学时）
3. 机械制图基本知识（8学时）
4. 机械制图基本技能（8学时）
5. 三视图的表达方法（8学时）

二、制订机器人5轴电动机座机械制图计划（2学时）

三、评估机器人5轴电动机座机械制图计划（1学时）

四、实施机器人5轴电动机座机械制图（4学时）

五、机器人5轴电动机座零件图检测（1学时）

六、评价反馈（1学时）

学习活动一　获 取 信 息

子步骤1：阅读任务书，明确任务要求

学习目标

1. 能够注写出5轴电动机座零件图上的技术要求。
2. 能够口头复述工作任务并明确任务要求。
3. 能够完成机器人5轴电动机座派工单的填写。

建议学时：1学时。

学习准备

教材、互联网资源、多媒体设备。

学习过程

1. 阅读生产任务单

生产任务单见表1-1。

表 1-1　生产任务单

需方单位名称				完成日期	年　月　日	
序号	产品名称	材料	数量	技术标准、质量要求		
1	5 轴电动机座	3040 铝	1 套	按图样要求		
2						
3						
生产批准时间		年　月　日	批准人			
通知任务时间		年　月　日	发单人			
接单时间		年　月　日	接单人		生产班组	

2. 人员分工

1）小组负责人：________________。

2）小组成员及分工。

姓名	分工

3. 图样分析

机器人 5 轴电动机座的零件图如图 1-1 所示。

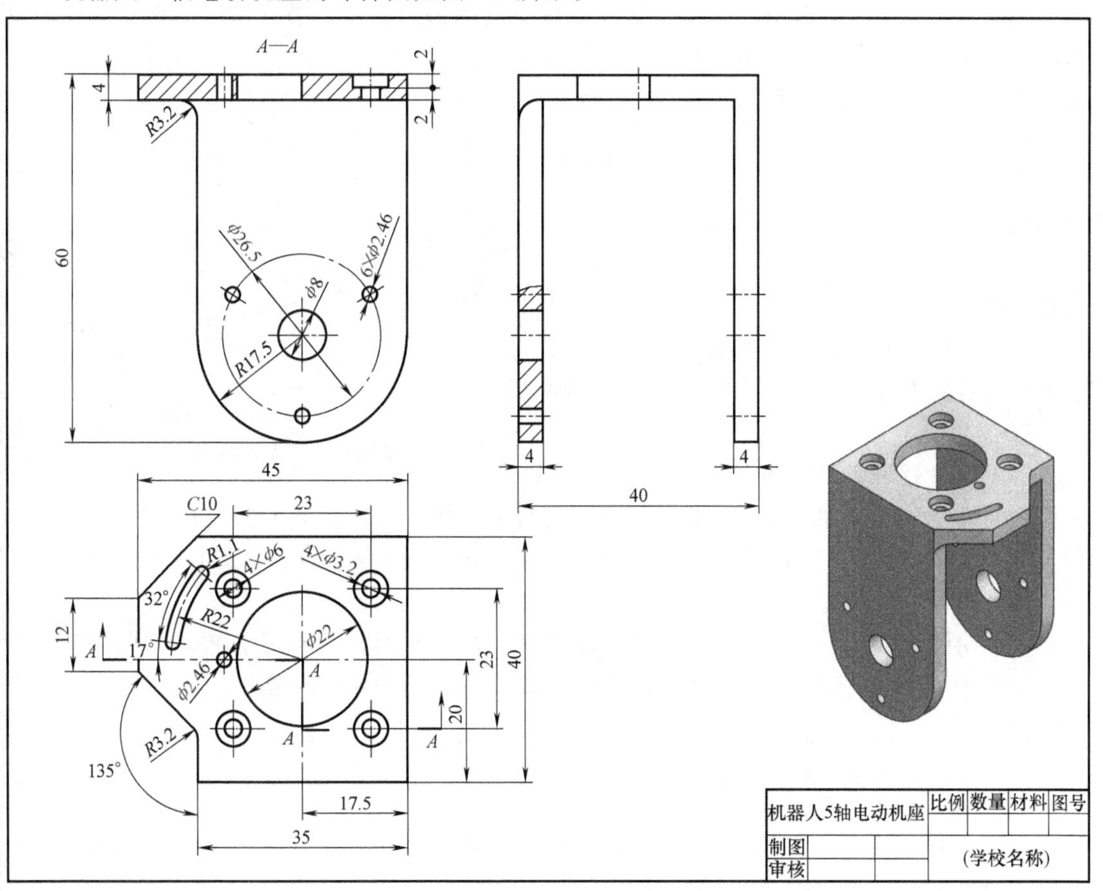

图 1-1　机器人 5 轴电动机座的零件图

图 1-1 中有哪些技术要求？

____

____

子步骤 2：绘图工具的使用方法

学习目标

1. 能够正确使用绘图板和丁字尺。

2. 能够正确使用三角板。

3. 能够正确使用圆规和分规。

建议学时：2 学时。

学习准备

教材、互联网资源、多媒体设备。

学习过程

1. 绘图板和丁字尺

绘图板是绘图时用来固定图纸的矩形木板，它的板面必须平整光洁。绘图板的左右两边称为导边，也必须平直光滑，如图 1-2 所示，图纸是用胶带固定在绘图板上的。

丁字尺又称 T 形尺，由互相垂直的尺头和尺身组成。丁字尺主要用来画水平线，还常与三角板配合画铅垂线。

丁字尺放置时宜悬挂，以保证丁字尺尺身的平直。

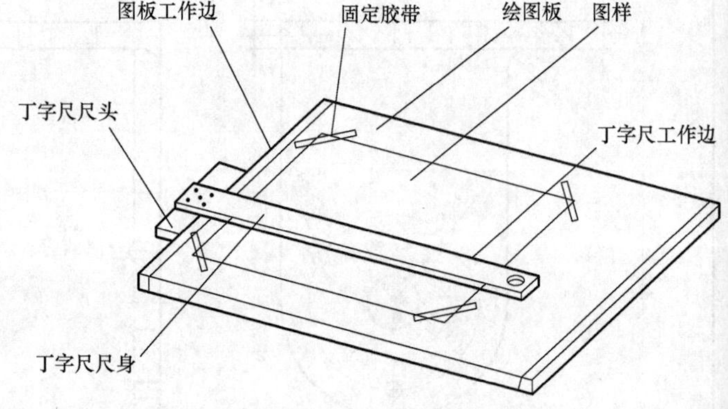

图 1-2　绘图板与丁字尺的用法

2. 三角板

一副三角板由两块组成，其中一块是两锐角均为 45°的直角三角形，另一块是两锐角分别为 30°、60°的直角三角形。三角板与丁字尺配合，可左右移动至画线位置，自下而上画出一系列垂直线，如图 1-3 和图 1-4 所示。

练一练

利用绘图工具，在绘图板上画出两条水平平行线（距离为 50mm），再画两条垂直平行线（距离为 60mm），完成后想一想在绘图板上画线要注意些什么问题。

____

____

3. 圆规和分规

（1）圆规　圆规是用来画圆和圆弧的工具，圆规的使用方法如图 1-5 所示。圆规上的铅芯应比铅笔上画同类线段的铅芯软一号。

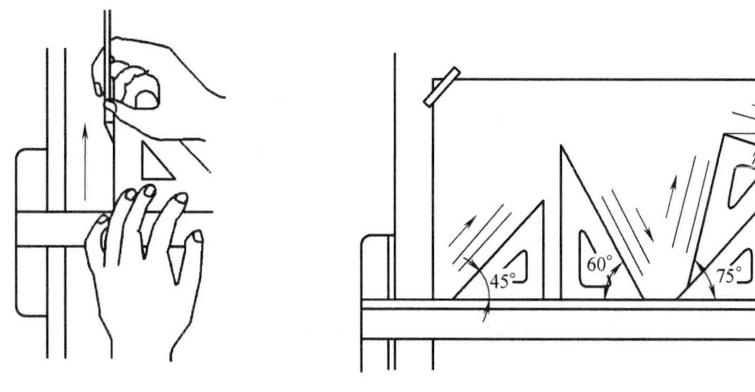

图 1-3　三角板与丁字尺的配合使用

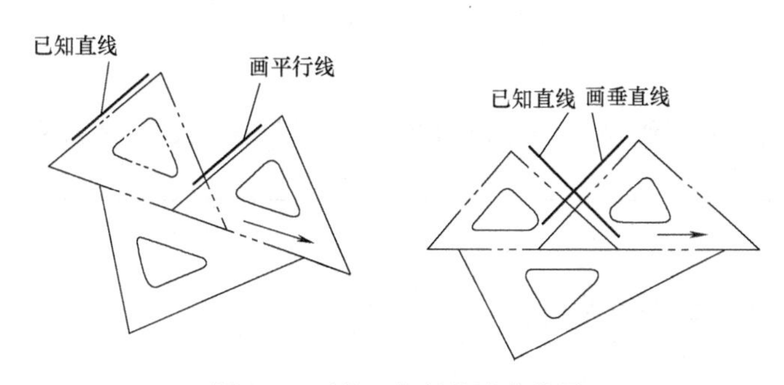

图 1-4　两块三角板的配合使用

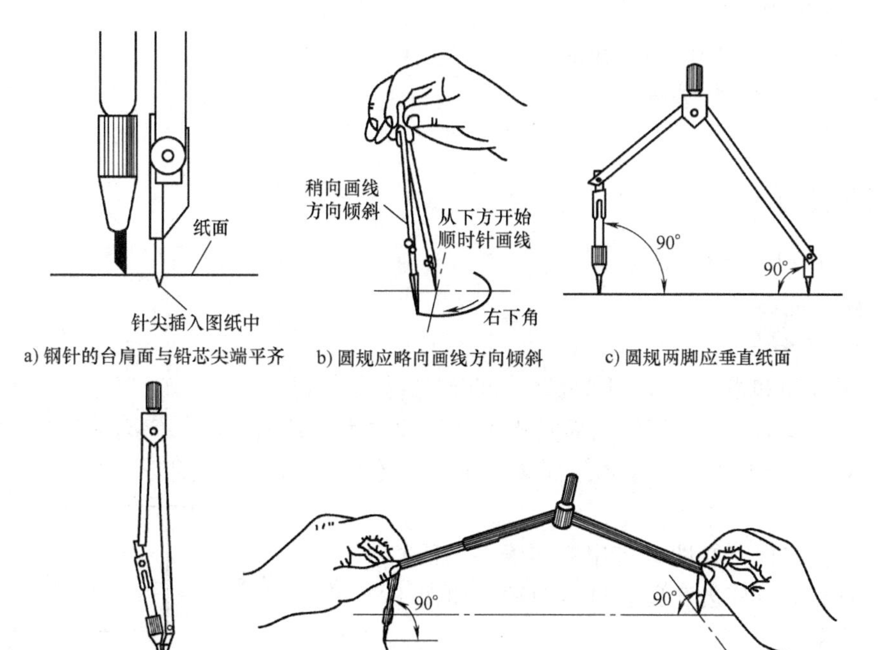

图 1-5　圆规的使用方法

（2）分规　分规是用来量取尺寸和等分线段的工具。当分规的两条腿并拢时，两针尖应对齐，分规的使用方法如图 1-6 所示。

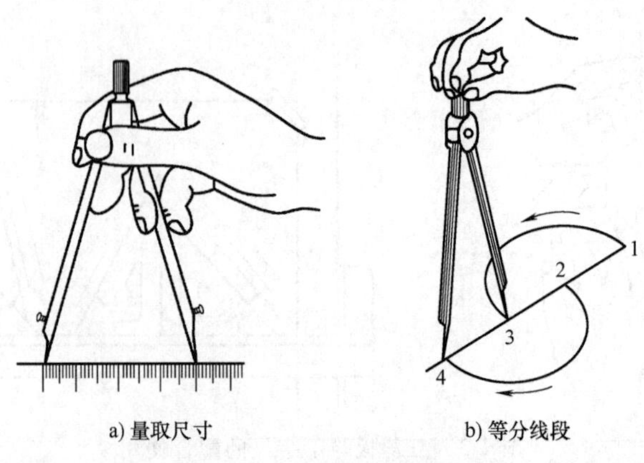

a) 量取尺寸　　b) 等分线段

图 1-6　分规的使用方法

练一练

用圆规在同一位置分别画出三个不同大小的圆，并想一想用圆规画圆时要注意些什么问题。

子步骤 3：机械制图基本知识

学习目标

1. 能够正确选择图纸幅面和格式。
2. 能够正确绘制相关线条。

建议学时：8 学时。

学习准备

教材、互联网资源、多媒体设备。

学习过程

1. 图纸幅面和格式（GB/T 14689—2008）

（1）图纸幅面尺寸　图纸幅面是指图纸尺寸的大小规格。国家标准 GB/T 14689—2008 对图纸幅面作了相应规定，基本幅面共 5 种，其尺寸关系如图 1-7 所示，图中尺寸的单位为毫米。

（2）图框格式　在图纸上用粗实线画出图框，图框格式分不留装订边和留装订边两种，如图 1-8 和图 1-9 所示。

同一产品的图样只能采用一种图框格式。

2. 标题栏

每张图样都必须在图框右下角画出标题栏。国家标准《机械制图》对标题栏已作统一规定，建议在学校作业中采用图 1-10 所示的简化标题栏，

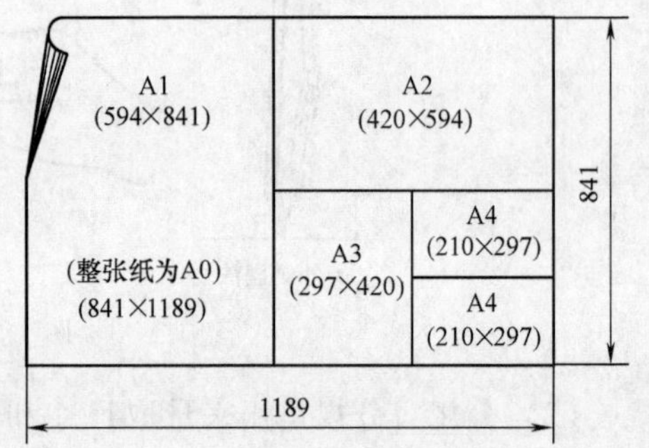

图 1-7　基本幅面的尺寸关系

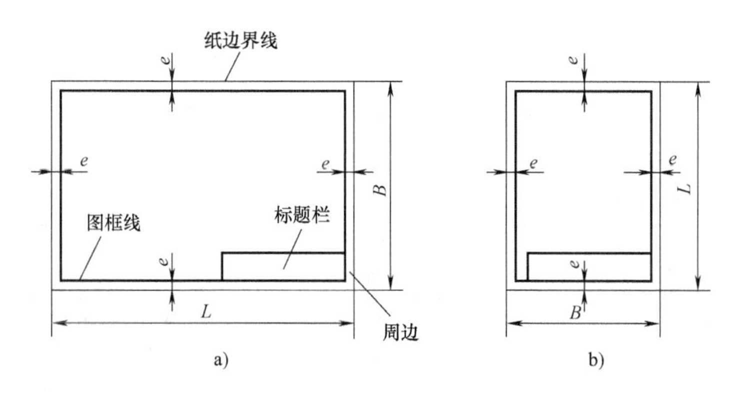

图 1-8　不留装订边的图框格式

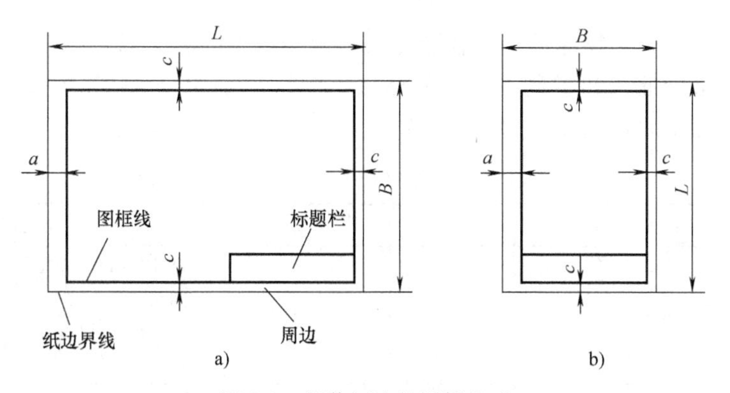

图 1-9　留装订边的图框格式

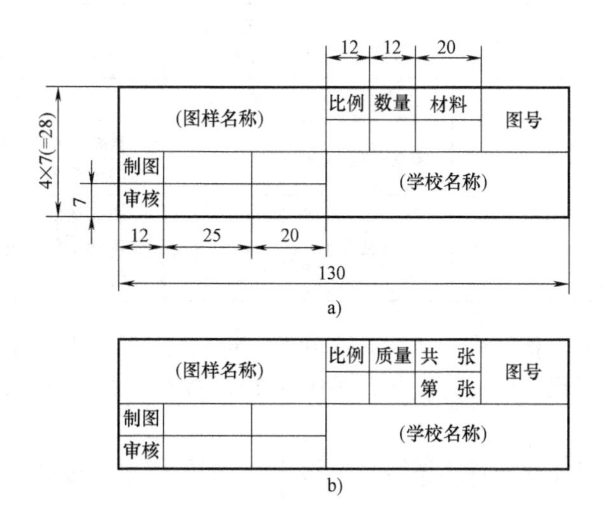

图 1-10　制图作业用简化标题栏

标题栏中的文字方向为读图方向。

3. 比例

比例是指图样中的图形与实物相应要素的线性尺寸之比。

为使图形能直接反映实物的真实大小，在绘制图样时，应尽量采用 1∶1 的比例。但因机件各不相同，有的需要采用放大或缩小比例来绘图，因此还可由表 1-2 所示的比例中选用，并应优先选用表中的优先选择系列。

表 1-2 比例（GB/T 14690—1993）

种类	定义	优先选择系列	允许选择系列
原值比例	比值为 1 的比例	1 : 1	—
放大比例	比值大于 1 的比例	5 : 1　2 : 1 5×10^n : 1　2×10^n : 1　1×10^n : 1	4 : 1　2.5 : 1 4×10^n : 1　2.5×10^n : 1
缩小比例	比值小于 1 的比例	1 : 2　1 : 5　1 : 10 1 : 2×10^n　1 : 5×10^n　1 : 1×10^n	1 : 1.5　1 : 2.5　1 : 3　1 : 4　1 : 6 1 : 1.5×10^n　1 : 2.5×10^n　1 : 3×10^n　1 : 4×10^n　1 : 6×10^n

注：n 为正整数

4. 图线

常用线型及其应用　物体的形状在图样上是用各种不同的图线画成的。为了使图样清晰和便于识读，国家标准《机械制图　图样画法　图线》（GB/T 4457.4—2002）规定了机械图样中的图线，常用的几种图线的代码、线型、名称、线宽等见表 1-3。

表 1-3 常用的图线（摘自 GB/T 4457.4—2002）

代码 NO	线型	名称	线宽	主要用途
01.1	————————	细实线	$d/2$	尺寸线、尺寸界线、指引线和基准线 剖面线 重合断面的轮廓线 螺纹牙底线
	〜〜〜〜	波浪线	$d/2$	断裂处边界线、视图与剖视图的分界线
01.2	————————	粗实线	d 优先采用 0.5mm、0.7mm	可见轮廓线、可见棱边线、相贯线、螺纹牙顶线、螺纹长度终止线、齿顶圆(线)
02.1	— — — — — —	细虚线	$d/2$	不可见棱边线、不可见轮廓线
04.1	——·——·——	细点画线	$d/2$	轴线、对称中心线、分度圆(线)、孔系分布的中心线、剖切线
05.1	——··——··——	细双点画线	$d/2$	相邻辅助零件的轮廓线 可动零件的极限位置的轮廓线 轨迹线

图线分为粗细两种。粗实线的宽度 d 在 0.5~2mm，绘图时应根据图样大小及复杂程度选择。机械图样中常用粗实线的宽度建议采用 0.5mm 或 0.7mm，细实线的宽度为 $d/2$。

练一练

根据以上学习资料完成一幅不留装订边的 A4 图纸的图框，标题栏使用制图作业用简化标题栏。

5. 尺寸标注

(1) 基本规则　尺寸标注的基本规则如下：

① 机件的真实大小应以图样上所注的尺寸数值为依据，与图形大小及绘图的准确度无关。

② 图样中（包括技术要求和其他说明）的尺寸，无特殊说明规定以 mm 为单位。因此，一般不需标注计量单位的代号或名称。如采用其他单位，则必须注明相应的计量单位的代号或名称。

③ 图样中所标注的尺寸，为机件的最后完工尺寸，否则应另加说明。

④ 机件的每一个尺寸，一般只标注一次，并应标注在反映该结构最清晰的图形上。

（2）尺寸的组成　一个完整的尺寸应包括尺寸界线、尺寸线和尺寸数字三个基本要素。

① 尺寸界线。尺寸界线用细实线绘制。

② 尺寸线。尺寸线用细实线绘制。尺寸线不能用其他图线代替，一般也不得与其他图线重合或在其延长线上。

③ 尺寸数字。为了保证图样上的尺寸数字清晰，尺寸数字不可被任何图线穿过。当无法避免时，必须将图线断开，如图 1-11 所示。

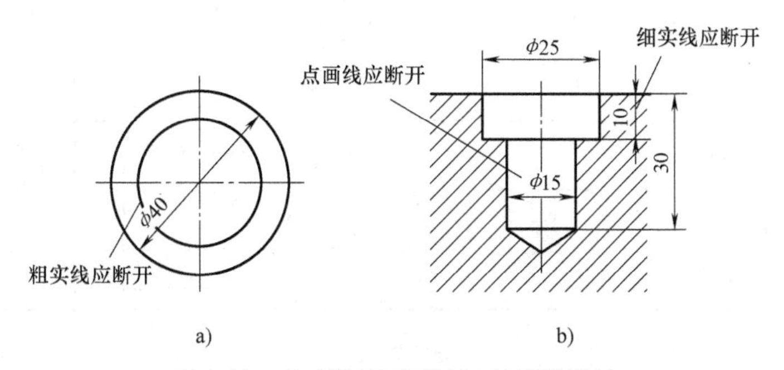

图 1-11　尺寸数字不可被任何图线穿过

线性尺寸的数字，一般按图 1-12a 所示的方向与位置注写。即当尺寸线为水平方向时，尺寸数字一般注写在尺寸线上方，字头向上；当尺寸线为垂直方向时，尺寸数字一般注写在尺寸线左方，字头向左；当尺寸线为倾斜方向时，尺寸数字一般注写在尺寸线斜上方，字头斜向上，并尽可能避免在图 1-12a 所示 30°范围内标注尺寸；当无法避免时，如图 1-12b 所示，可用引出线的形式标注。

角度的尺寸界线应沿径向引出，尺寸线画成圆弧，其圆心是该角的顶点。角度的尺寸数字一律水平书写，一般注写在尺寸线的中断处，必要时也可注写在尺寸线的上方、外侧或引出标注，如图 1-13 所示。

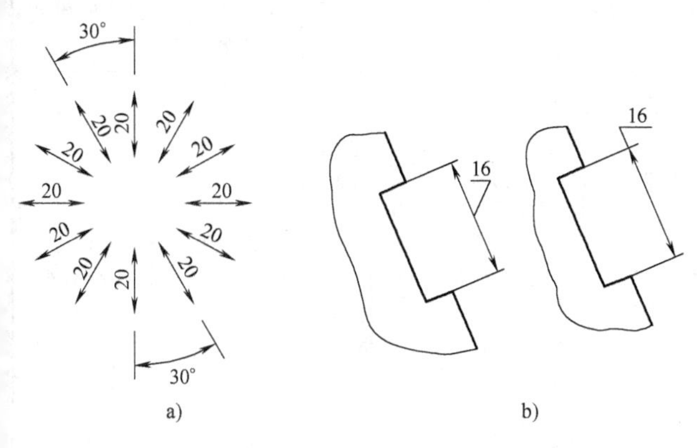

图 1-12　线性尺寸数字的注写方向与位置

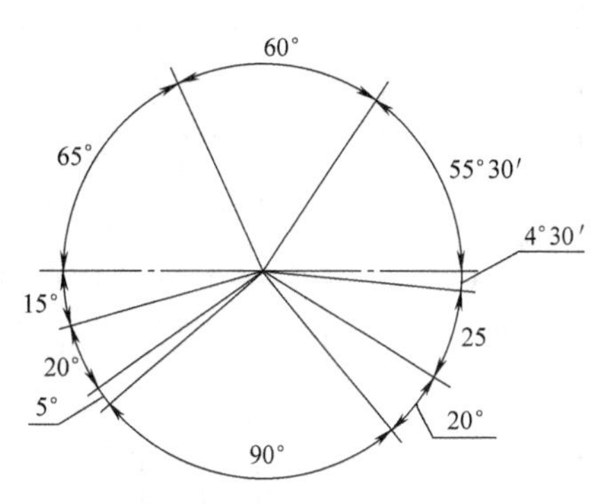

图 1-13　角度的尺寸数字一律写成水平方向

（3）常见的尺寸注法　常见的尺寸注法见表1-4。

表1-4　常见的尺寸注法

尺寸种类	图例	说明
直线尺寸的注法	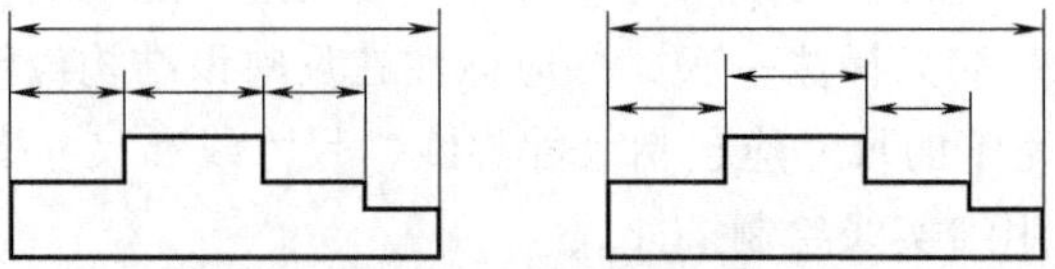 正　误	串列尺寸的相邻箭头应对齐，即应注在一条直线上
	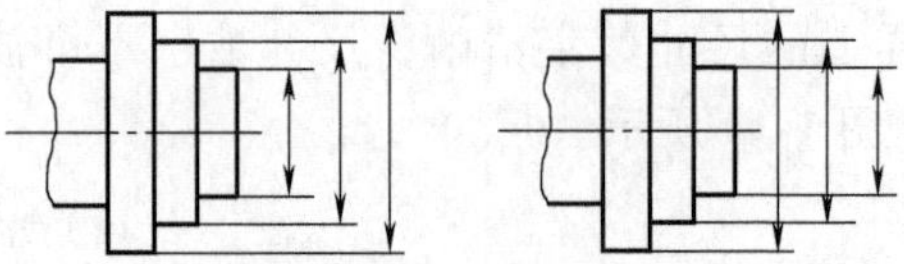 正　误	并列尺寸应是小尺寸在内，大尺寸在外，尺寸间隔为5~7mm
直径尺寸的注法	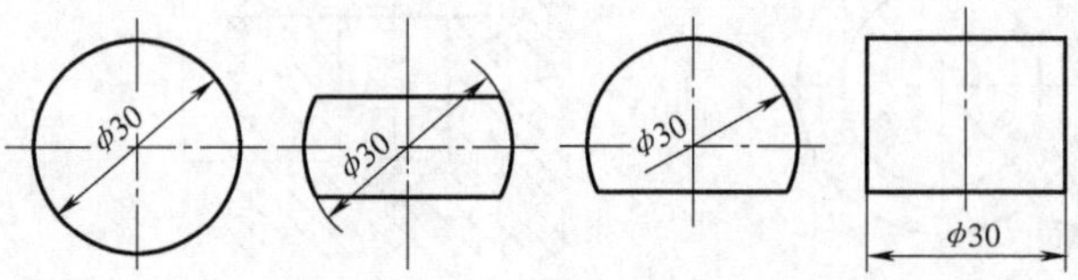 $\phi30$　$\phi30$　$\phi30$　$\phi30$	圆或大于半圆的圆弧及跨于两边的同心圆弧的尺寸应标注直径；标注时，在尺寸数字前加注直径符号“ϕ”
半径尺寸的注法	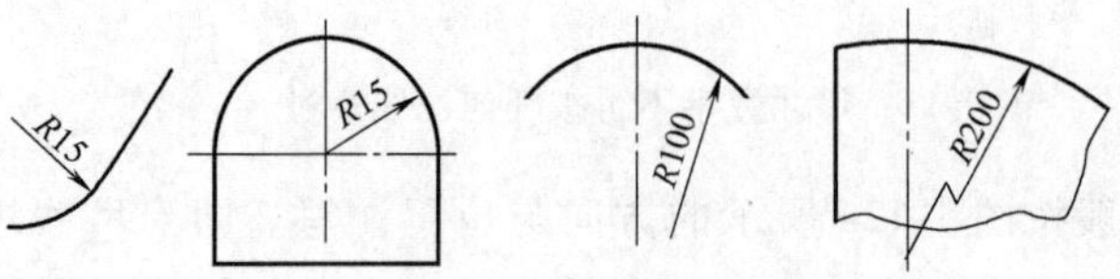 $R15$　$R15$　$R100$　$R200$	小于或等于半圆的圆弧尺寸一般标注半径；标注时，在尺寸数字前加注半径符号“R”
球面尺寸的注法	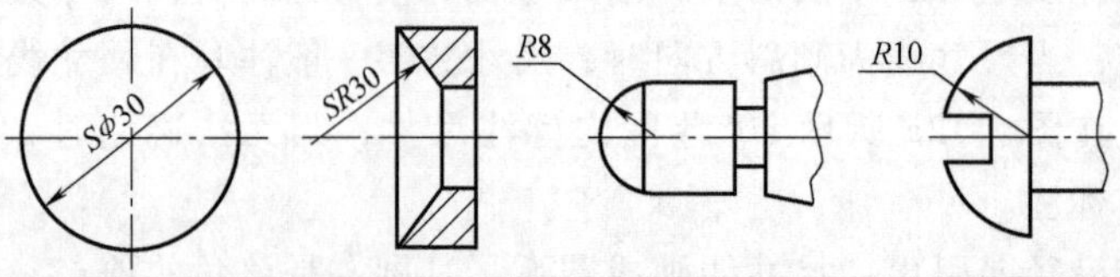 $S\phi30$　$SR30$　$R8$　$R10$	标注球面时，应在符号“ϕ”或“R”前加注符号“S”；对于螺钉、铆钉等的球体，在不引起误解时，可省略符号“S”
狭小直径尺寸的注法	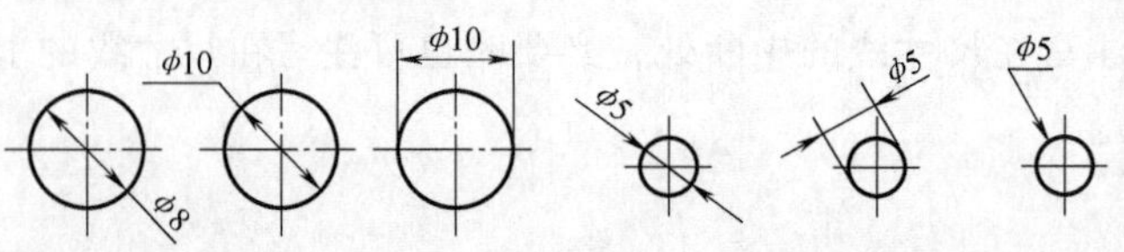 $\phi8$　$\phi10$　$\phi10$　$\phi5$　$\phi5$　$\phi5$	当没有足够位置标注数字和画箭头时，可把箭头或数字之一布置在图形外，也可把箭头与数字均布置在图形外
狭小半径或直线尺寸的注法	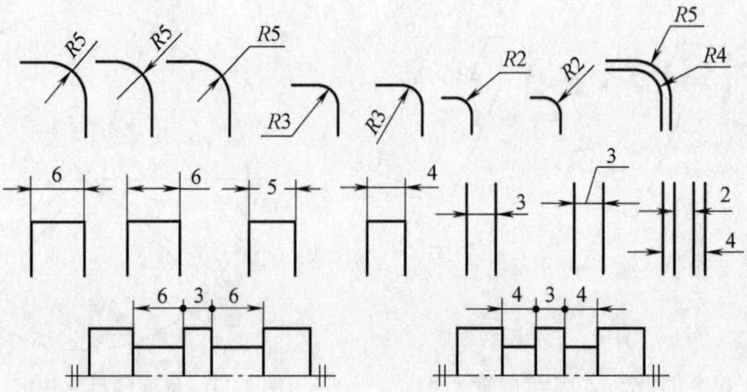 $R5$　$R5$　$R5$　$R3$　$R3$　$R2$　$R2$　$R5$　$R4$ 6　6　5　4　3　3　2　4 6　3　6　4　3　4	标注串列线性小尺寸时，可用小圆点代替箭头，但两端的箭头仍应画出

（4）常见标注尺寸的符号和缩写词　常见标注尺寸的符号和缩写词见表 1-5。

表 1-5　标注尺寸的符号和缩写词

序号	项目名称	符号或缩写词	序号	项目名称	符号或缩写词
1	直径	ϕ	9	深度	↧
2	半径	R	10	沉孔或锪平孔	⌴
3	球直径	$S\phi$	11	埋头孔	⌵
4	球半径	SR	12	弧长	⌒
5	厚度	t	13	斜度	∠
6	均布	EQS	14	锥度	◁
7	45°倒角	C	15	展开长	○→
8	正方形	□	16	型材截面形状	（按 GB/T 4656—2008）

练一练

测量图 1-14 所示的尺寸，按测量所得数据完成零件图的尺寸标注。

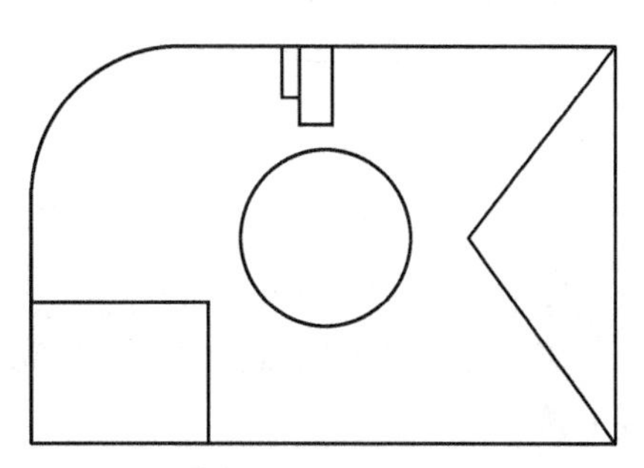

图 1-14　完成零件图的尺寸标注

子步骤 4：机械制图基本技能

学习目标

1. 能够正确绘制多边形。
2. 能够正确绘制相切圆或圆弧。

建议学时：8 学时。

学习准备

教材、互联网资源、多媒体设备、绘图工具。

学习过程

1. 正六边形

1）用圆规等分圆周及作正六边形。当已知正六边形对角距离（即外接圆直径）时，可用此法画出正六边形，如图 1-15 所示。

2）用丁字尺和三角板配合作圆的内接或外切正六边形，如图 1-16 所示。

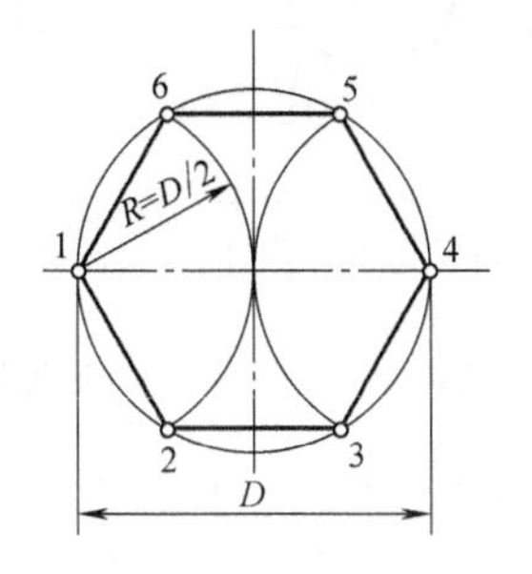

图 1-15　用圆规六等分圆周

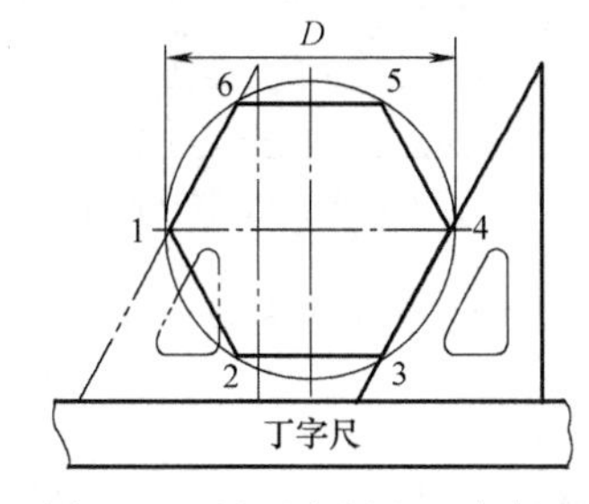

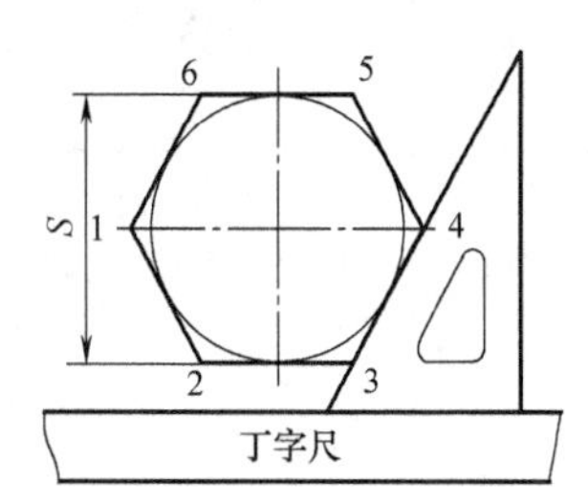

图 1-16　用丁字尺和三角板配合作圆的内接、外切正六边形

2. 正五边形

五等分圆周及作正五边形，如图 1-17 所示。作图步骤如下：

1）作出半径 OB 的中点 E，如图 1-17a 所示。

2）以 E 为圆心，EC 为半径画圆弧交 OA 于 F。CF 即为五边形的边长，如图 1-17b 所示。

3）以 CF 长依次截取圆周，得五个等分点。顺次连接各点即得正五边形，并加粗，如图 1-17c 所示。

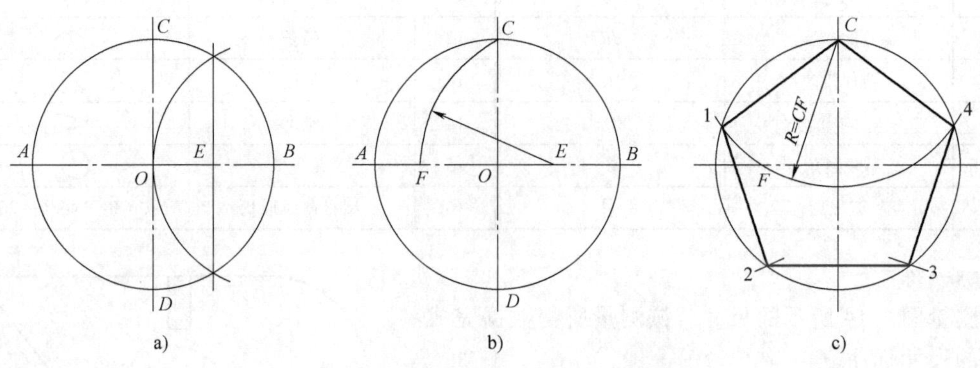

图 1-17 五等分圆周及作正五边形

3. 圆弧连接

用已知半径的圆弧光滑地连接相邻两线段的作图方法，称为圆弧连接。所作圆弧称为连接圆弧。

圆弧连接，实质上就是使连接圆弧与已知直线或圆弧相切，其切点即为连接点。因此，作图的关键是准确找出连接圆弧的圆心和切点。

其基本步骤可归纳为：

1）求作连接圆弧圆心。它应满足到两被连接线段的距离均为连接圆弧半径的条件。

2）找出连接点（切点）。

3）在两连接点之间画出连接圆弧。

（1）两直线间的圆弧连接方法（见表 1-6）

表 1-6 两直线间的圆弧连接方法

类别	用圆弧连接锐角或钝角的两边	用圆弧连接直角的两边
图例	R, O, N, M, R（两图）	R, N, O, R, R, M
作图步骤	1)分别作与两已知直线距离为 R 的平行线,其交点 O 即为连接圆弧的圆心 2)过 O 点分别作两已知直线的垂线,垂足 M、N 即为切点 3)以 O 为圆心,R 为半径,在 M、N 之间画出连接圆弧	1)以角顶为圆心,R 为半径画弧,交两直角边于 M、N。M、N 即为切点 2)分别以 M、N 为圆心,R 为半径画弧,相交得连接弧圆心 O 3)以 O 为圆心,R 为半径,在 M、N 之间画出连接圆弧

（2）圆弧与两已知圆弧外切（外切连接）的方法（见表 1-7）

表 1-7　圆弧与两已知圆弧外切方法

已知条件	作图步骤		
以半径 R 作连接圆弧，使其外切于两已知圆弧	1）分别以 O_1、O_2 为圆心，R_1+R、R_2+R 为半径作圆弧，其交点 O 即为连接圆弧的圆心	2）连接 OO_1、OO_2，分别与已知圆弧相交于 A、B，A、B 即为连接点	3）以 O 为圆心，R 为半径，在 A、B 之间作连接圆弧

（3）圆弧与两已知圆弧内切（内切连接）的方法（见表 1-8）

表 1-8　圆弧与两已知圆弧内切方法

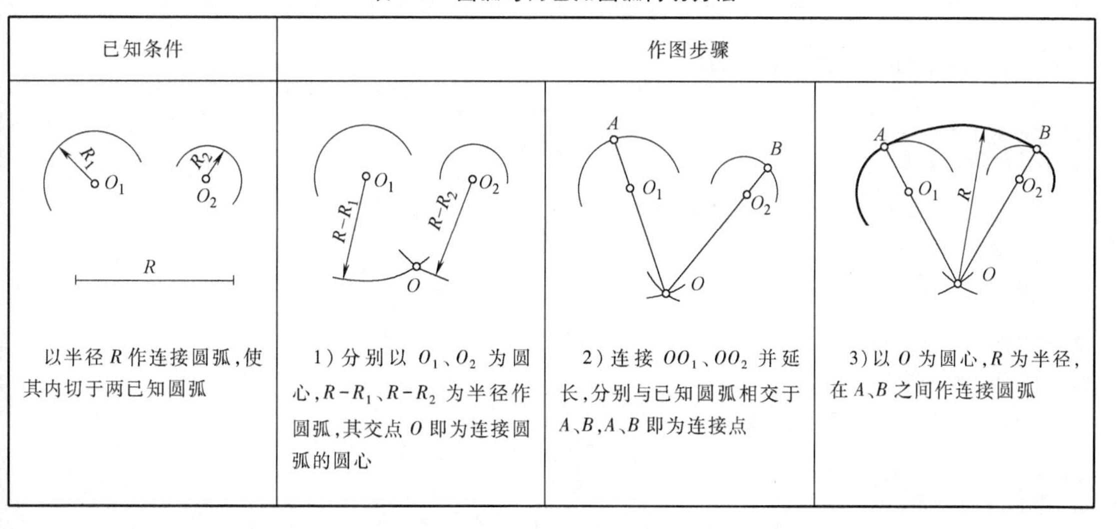

已知条件	作图步骤		
以半径 R 作连接圆弧，使其内切于两已知圆弧	1）分别以 O_1、O_2 为圆心，$R-R_1$、$R-R_2$ 为半径作圆弧，其交点 O 即为连接圆弧的圆心	2）连接 OO_1、OO_2 并延长，分别与已知圆弧相交于 A、B，A、B 即为连接点	3）以 O 为圆心，R 为半径，在 A、B 之间作连接圆弧

练一练

在抄画区中完成图样的抄画（注意内外相切的求解）。

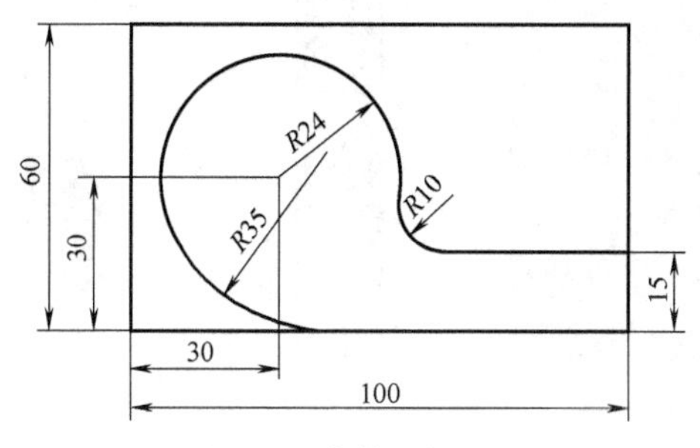

图 1-18　内外相切圆弧

把图 1-18 抄画到下面抄画区。

子步骤 5：三视图的表达方法

学习目标

1. 能够正确理解三视图的投影规律。
2. 能够正确绘制三视图。

建议学时：8 学时。

学习准备

教材、互联网资源、多媒体设备。

学习过程

你能说出图 1-19 所示的三个视图分别是从哪个方向观察这本书得到的吗？

图 1-19　三视图

当我们从某一个角度观察一个物体时，所看到的图像叫做物体的一个视图。为了全面反映物体的形状，在生活中我们应从不同角度、多个视图去反映物体的形状。

我们用三个互相垂直的平面（例如：墙角处的三面墙面）作为投影面，其中正对着我们的叫正面，正面下方的叫水平面，右边的叫侧面。

1. 三视图

一个物体在三个投影面内同时进行投射，在正面内得到的由前向后观察物体的视图，叫主视图（从前面看）；在水平面内得到的由上向下观察物体的视图，叫俯视图（从上面看）；在侧面内得到由左向右观察物体的视图，叫左视图（从左面看）。三视图的表达方式如图 1-20 所示。

如将三个投影面展开在一个平面内，得到一张三视图，如图 1-21 所示三视图的位置。

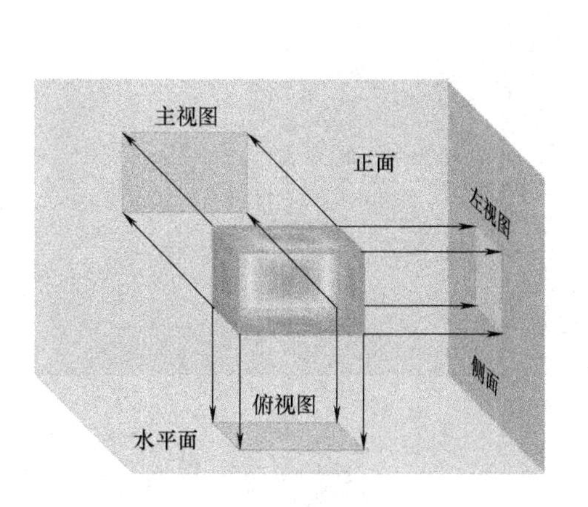

图 1-20　三视图的表达方式

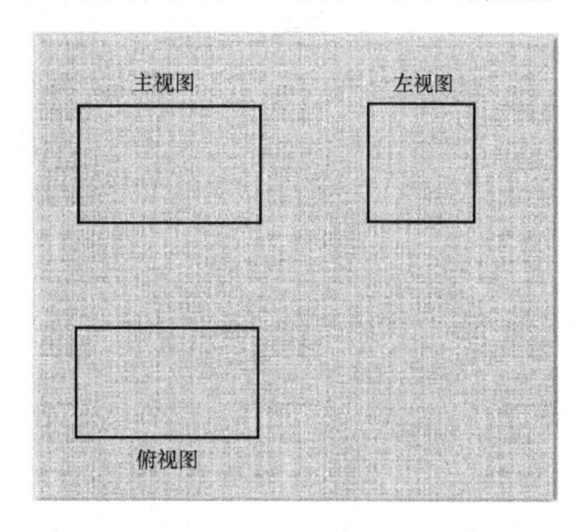

图 1-21　三视图的位置

练一练

用连线的方式找出图中每一物品所对应的主视图。

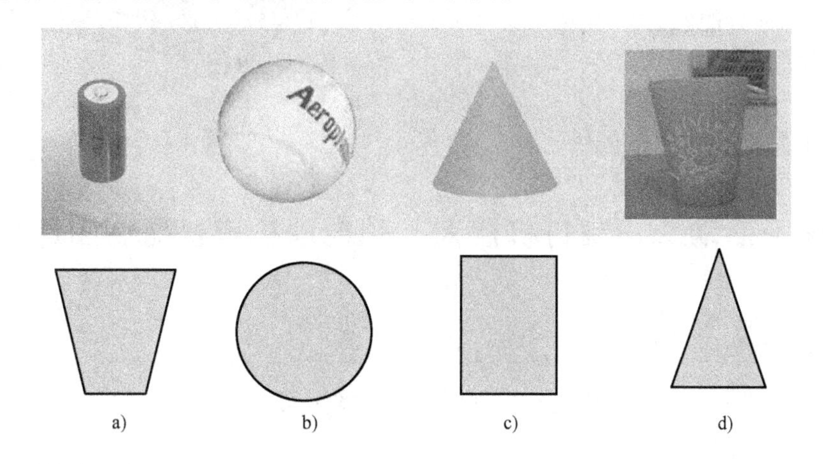

2. 三视图的位置规定

主视图要在左上方，它的下方是俯视图，左视图在主视图右边（见图 1-21）。

3. 三视图的对应规律（见图 1-22）

主视图和俯视图——长对正

主视图和左视图——高平齐

俯视图和左视图——宽相等

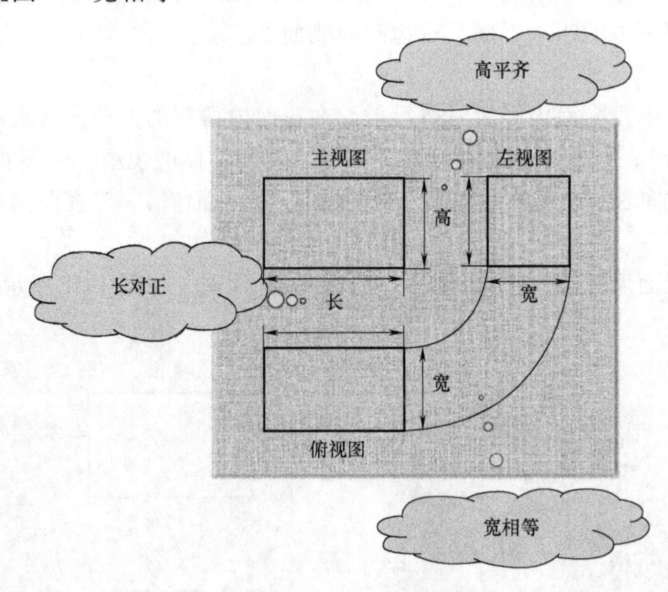

图 1-22　三视图的对应规律

4. 三视图的画法

1）先画主视图。

2）在主视图正下方画出俯视图，注意与主视图“长对正”。

3）在主视图正右方画出左视图，注意与主视图“高平齐”，与俯视图“宽相等”。

4）看得见部分的轮廓线画成实线，而看不见部分的轮廓线画成虚线。

练一练

根据图 1-23 完成三视图的绘制。

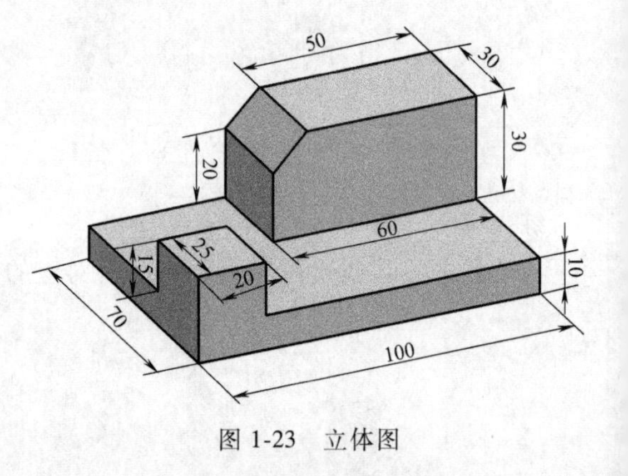

图 1-23　立体图

学习活动二　制订机器人 5 轴电动机座机械制图计划

学习目标

能够完成机器人 5 轴电动机座机械制图计划表的填写。

建议学时：2 学时。

学习准备

教材、互联网资源、多媒体设备。

学习过程

工作计划见表 1-9。

1. 根据计划表你能从中得知到什么信息？

2. 填写计划表时要注意什么问题？

3. 填写计划表有何意义？

表 1-9　工作计划

序号	工作阶段/步骤	工具/材料清单	负责人	工作安全	质量检验	计划完成时间/min	实际完成时间/min
1							
2							
3							
4							
5							
6							
7							
8							
9							
10							
工作计划决策与反馈							
课程工作任务名称	机器人机械部件生产与组装						
	机器人 5 轴电动机座机械制图						
	工作页　编号:LS2-1-1						

学习活动三　评估机器人 5 轴电动机座机械制图计划

学习目标

1. 能够发现计划中的不足。
2. 能够对计划提出可行的建议。

建议学时：1 学时。

学习准备

教材、互联网资源、多媒体设备。

学习过程

1. 记录本组计划的不足之处。

____

____

2. 记录计划中修改的内容。

____

____

学习活动四　实施机器人 5 轴电动机座机械制图

学习目标

1. 能够运用教材、手册等，查找相关资料。
2. 能够有条理、按计划完成电动机座三视图的绘制。

建议学时：4 学时。

学习准备

教材、互联网资源、多媒体设备。

学习过程

1. 在绘制机器人 5 轴电动机座三视图中遇到了什么问题?

____

____

2. 如何提升绘图的效率?

____

____

学习活动五　机器人 5 轴电动机座零件图检测

学习目标

能够按照 ISO 绘图标准进行检测。

建议学时：1 学时。

学习准备

教材、互联网资源、机器人 5 轴电动机座零件图、多媒体设备。

学习过程

目视检查评价表见表 1-10。

表 1-10　目视检查评价表

学习领域：			项目：					
任务名称：			小组(　　　)　　个人(　　　)					
组名(姓名)：			学号		工位号		工件号	
班级：			日期：					
序号	姓名	检查项目	检查标准		评分(10-9-7-5-3-0)			
					自评分	他人评分		差异
1		零件图三视图的完整性	检查是否完成三个视图的绘制					
2		零件图中各线条的完整性	检查是否完成了所有表达的线条绘制					
3		零件图中各线线型的正确性	检查各线线型是否符合标准					
4		零件图标注的完整性	检测是否完成了所有尺寸的标注					
合计								

学习活动六　评 价 反 馈

学习目标

1. 能够接受反馈的信息。
2. 能够正确地进行自检。

建议学时：1 学时。

学习准备

教材、互联网资源、多媒体设备。

学习过程

1. 评价

完成表 1-11 所示的核心能力评价表和表 1-12 所示的汇总表。

表 1-11　核心能力评价表

学习领域：						项目：				
任务名称：						小组(　　　)　　个人(　　　)				
组名(姓名)：						学号		工位号		工件号
班级：						日期：				
序号	行为概况				期待表现		评分(0-1-2)			
	能力种类	能力序号	专业阶段	指标考核	行为指标	选择该指标的理由	自评分	教师/他人评分	差异	
1	I	1	1	1	乐意接收教师提出的学习任务(指令)					
2	I	1	1	2	积极思考,实施学习任务(执行指令)					
3	M	1	1	1	找出在特定问题下的相关佐证信息和材料					
4	S	1	1	1	主动并客观地倾听,以符合逻辑的态度来呈现信息和事实,运用合适的措词与用字					
评估标准 0-1-2(差—一般-良好)						合计				

表 1-12　汇总表

学习领域：			项目：			
任务名称：			小组(　　　)　　个人(　　　)			
组名(姓名)：			学号	工位号		工件号
班级：			日期：			
序号	评估项目	各项评分合计	各项指标数量	100 制得分	权重	得分
1	目视检查评价					
2	核心能力评价					
合计						

2. 在进行这个项目的过程中你有何收获？

____

____

____

____

3. 如果下次你分配了一个类似的任务你能在什么地方进行改进？

____

____

____

____

学习任务二 机器人5轴电动机座三维建模

学习目标

1. 能够注写出5轴电动机座零件图上的技术要求。
2. 能够口头复述工作任务并明确任务要求。
3. 能够完成派工单的填写。
4. 能够正确创建和编辑草图。
5. 能够正确使用曲线的各功能。
6. 能够使用圆弧指令正确创建圆弧。
7. 能够使用圆指令正确创建圆。
8. 能够使用椭圆指令正确创建椭圆。
9. 能够使用拉伸功能创建或切割实体。
10. 能够使用旋转功能创建或切割实体。
11. 能够完成机器人5轴电动机座三维建模计划表的填写。
12. 能够发现计划中的不足。
13. 能够对计划提出可行的建议。
14. 能运用教材、手册等，查找相关术语。
15. 能够有条理、按计划综合运用软件完成建模。
16. 能够运用测量指令进行测量。
17. 能主动获取有效信息，展示工作成果，对学习与工作进行总结反思，能与他人合作，进行有效沟通。

建议学时

24学时。

工作情境描述

某机器人公司要生产某品牌机器人，设计部已完成该品牌机器人的本体设计，现需要生产样品（6台）并进行测试，该公司负责人了解到我院现有的设备、师资水平、生产能力均能满足该品牌机器人本体的生产，故找到我院并将生产样品的任务交予我院。现教师给同学们布置了机器人5轴电动机座三维建模任务，通过使用NX软件完成三维建模任务。

接到任务后，同学们根据学校现有的设备和软件进行产品的三维建模。通过NX软件各功能（草图、直线、圆、特征生成与切割）的使用，在规定时间内完成机器人5轴电动机座三维建模，遵循8S管理。

教学流程与活动

一、获取信息

1. 阅读任务书，明确任务要求（1学时）
2. 学习NX软件中的草图曲线功能和尺寸约束功能（5学时）
3. 学习NX软件中的圆弧、圆、椭圆指令（4学时）
4. 学习NX软件中的特征功能（4学时）

二、制订机器人5轴电动机座三维建模计划（2学时）

三、评估机器人5轴电动机座三维建模计划（2学时）

四、实施机器人5轴电动机座三维建模（4学时）

五、机器人5轴电动机座三维模型检测（1学时）

六、评价反馈（1学时）

学习活动一　获 取 信 息

子步骤1：阅读任务书，明确任务要求

学习目标

1. 能够注写出5轴电动机座零件图上的技术要求。
2. 能够口头复述工作任务并明确任务要求。
3. 能够完成机器人5轴电动机座派工单的填写。

建议学时：1学时。

学习准备

教材、互联网资源、多媒体设备。

学习过程

1. 阅读生产任务单

生产任务单见表1-13。

表1-13　生产任务单

需方单位名称				完成日期	年　月　日	
序号	产品名称	材料	数量	技术标准、质量要求		
1	5轴电动机座	3040铝	30套	按图样要求		
2						
3						
生产批准时间		年　月　日	批准人			
通知任务时间		年　月　日	发单人			
接单时间		年　月　日	接单人		生产班组	

2. 人员分工

1）小组负责人：________________。

2）小组成员及分工。

姓名	分工

3. 图样分析

机器人 5 轴电动机座的零件图如图 1-1 所示。

子步骤 2：学习 NX 软件中的草图曲线功能和尺寸约束功能

学习目标

1. 能够正确创建和编辑草图。

2. 能够正确使用曲线的各功能。

建议学时：5 学时。

学习准备

教材、互联网资源、多媒体设备。

学习过程

1. 如何创建草图？

____

2. 如何编辑草图？

____

3. 创建矩形的方法有哪几种？分别如何创建？

____

4. 如何创建多边形？

____

5. 如何创建派生曲线？

____

6. 尺寸约束有何作用？

____

练一练

按图 1-24 尺寸要求独立完成绘制，看看谁更熟练。

你完成所需时间________，小组完成总时间________。

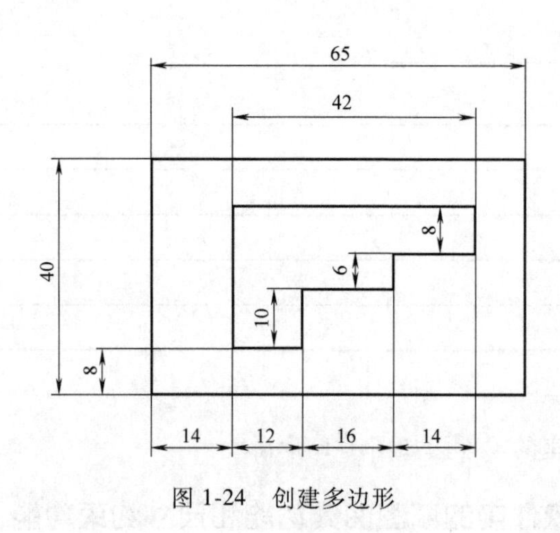

图 1-24　创建多边形

子步骤 3：学习 NX 软件中的圆弧、圆、椭圆指令

学习目标

1. 能够使用圆弧指令正确创建圆弧。
2. 能够使用圆指令正确创建圆。
3. 能够使用椭圆指令正确创建椭圆。

建议学时：4 学时。

学习准备

教材、互联网资源、多媒体设备。

学习过程

1. 如何创建圆？

____

____

2. 如何创建圆弧？

____

____

3. 如何创建椭圆？

____

____

练一练

按图 1-25 尺寸要求独立完成绘制，看看谁更熟练。

你完成所需时间________，小组完成总时间________。

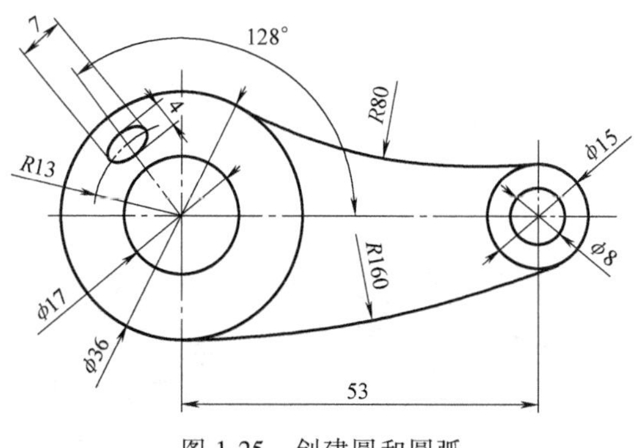

图 1-25　创建圆和圆弧

子步骤 4：学习 NX 软件中的特征功能

学习目标

1. 能够使用拉伸功能创建或切割实体。
2. 能够使用旋转功能创建或切割实体。

建议学时：4 学时。

学习准备

教材、互联网资源、多媒体设备。

学习过程

使用拉伸指令如何创建或切割实体？

练一练

1. 按图 1-26 尺寸要求独立完成绘制，看看谁更熟练。

你完成所需时间________，小组完成总时间________。

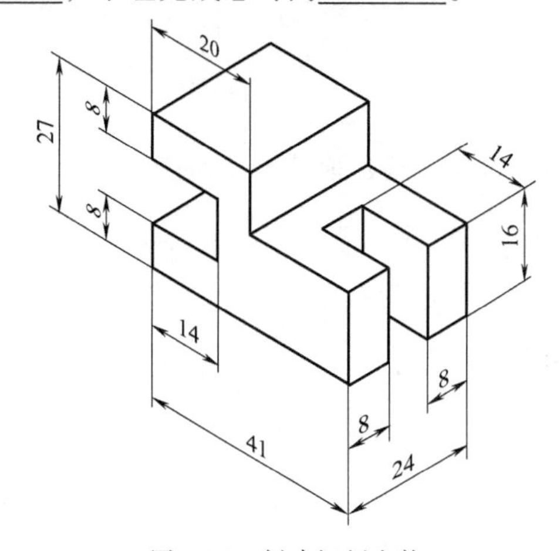

图 1-26　创建切割实体

2. 使用旋转指令如何创建或切割实体？

3. 按图 1-27 尺寸要求独立完成绘制，看看谁更熟练。

你完成所需时间________，小组完成总时间________。

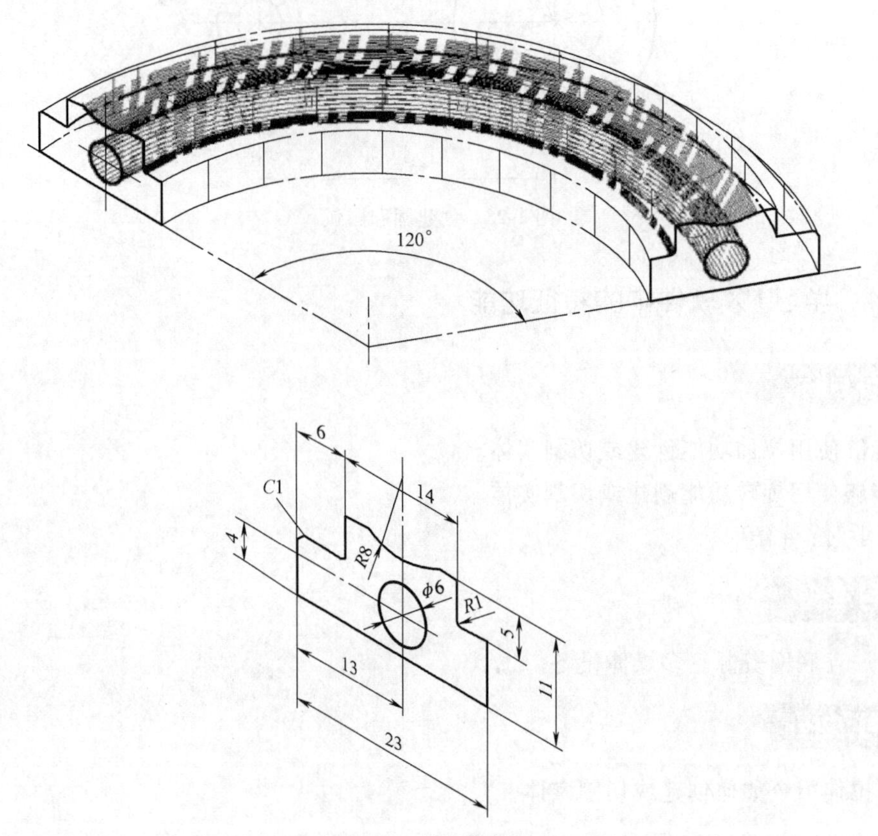

图 1-27　使用旋转指令

学习活动二　制订机器人 5 轴电动机座三维建模计划

学习目标

能够完成机器人 5 轴电动机座三维建模计划表的填写。

建议学时：2 学时。

学习准备

教材、互联网资源、多媒体设备。

学习过程

工作计划见表 1-14。

1. 根据计划表你能从中得到什么信息？

2. 填写计划表时要注意什么问题？

3. 填写计划表有何意义？

表 1-14　工作计划

<table>
<tr><td>序号</td><td>工作阶段/步骤</td><td>工具/材料清单</td><td>负责人</td><td>工作安全</td><td>质量检验</td><td>计划完成时间/min</td><td>实际完成时间/min</td></tr>
<tr><td>1</td><td></td><td></td><td></td><td></td><td></td><td></td><td></td></tr>
<tr><td>2</td><td></td><td></td><td></td><td></td><td></td><td></td><td></td></tr>
<tr><td>3</td><td></td><td></td><td></td><td></td><td></td><td></td><td></td></tr>
<tr><td>4</td><td></td><td></td><td></td><td></td><td></td><td></td><td></td></tr>
<tr><td>5</td><td></td><td></td><td></td><td></td><td></td><td></td><td></td></tr>
<tr><td>6</td><td></td><td></td><td></td><td></td><td></td><td></td><td></td></tr>
<tr><td>7</td><td></td><td></td><td></td><td></td><td></td><td></td><td></td></tr>
<tr><td>8</td><td></td><td></td><td></td><td></td><td></td><td></td><td></td></tr>
<tr><td>9</td><td></td><td></td><td></td><td></td><td></td><td></td><td></td></tr>
<tr><td>10</td><td></td><td></td><td></td><td></td><td></td><td></td><td></td></tr>
<tr><td colspan="8">工作计划决策与反馈</td></tr>
<tr><td colspan="2" rowspan="3">课程工作任务名称</td><td colspan="6">机器人机械部件生产与组装</td></tr>
<tr><td colspan="6">机器人 5 轴电动机座三维建模</td></tr>
<tr><td colspan="6">工作页　　编号：LS2-1-2</td></tr>
</table>

学习活动三　评估机器人 5 轴电动机座三维建模计划

学习目标

1. 能够发现计划中的不足。
2. 能够对计划提出可行的建议。

建议学时：2 学时。

学习准备

教材、互联网资源、多媒体设备。

学习过程

1. 记录本组计划的不足之处。

2. 记录计划中修改的内容。

学习活动四　实施机器人 5 轴电动机座三维建模

学习目标

1. 能够运用教材、手册等，查找相关术语。
2. 能够有条理、按计划综合运用软件完成建模。

建议学时：4 学时。

学习准备

教材、互联网资源、多媒体设备。

学习过程

1. 建模基准应该如何选择？

2. 如何提升建模的效率？

学习活动五　机器人 5 轴电动机座三维模型检测

学习目标

能够运用测量指令进行测量。

建议学时：1 学时。

学习准备

教材、互联网资源、机器人电动机固定板零件、多媒体设备。

学习过程

目视检查评价表见表 1-15，测量评价表见表 1-16。

表 1-15　目视检查评价表

学习领域：			项目：					
任务名称：			小组(　　)　个人(　　)					
组名(姓名)：			学号		工位号		工件号	
班级：			日期：					
序号	姓名	检查项目	检查标准	评分(10-9-7-5-3-0)				
				自评分		他人评分		差异
1		产品的完整性	目测检查是否完成了各位置特征的绘制					
2								
3								
合计								

表 1-16　测量评价表

学习领域：			项目：					
任务名称：			小组(　　)　个人(　　)					
组名(姓名)：			学号		工位号		工件号	
班级：			日期：					
序号	姓名	测量项目	测量标准	评分(10 或 0)				
				测量结果	自评分	测量结果	他人评分	差异
1		外形长 35mm	根据零件图尺寸对三维图各特征尺寸进行检查					
2		外形宽 40mm						
3		外形高 60mm						
4		4×ϕ6mm						
5		6×ϕ2mm						
6		ϕ22mm						
7		ϕ8mm						
合计								

学习活动六　评 价 反 馈

学习目标

1. 能够接受反馈的信息。
2. 能够正确地进行自检。

建议学时：1 学时。

学习准备

教材、互联网资源、多媒体设备。

学习过程

1. 评价

完成表 1-17 所示的核心能力评价表和表 1-18 所示的汇总表。

表 1-17　核心能力评价表

学习领域：					项目：				
任务名称：					小组(　　)　个人(　　)				
组名(姓名)：					学号		工位号		工件号
班级：					日期：				
序号	行为概况				期待表现		评分(0-1-2)		
	能力种类	能力序号	专业阶段	指标考核	行为指标	选择该指标的理由	自评分	教师/他人评分	差异
1	I	1	1	2	积极思考实施学习任务(执行指令)				
2	I	1	2	1	以目前的学习任务标准进行自我评估,判断学习的需求				
3	M	1	2	2	向小组成员,提出直接的问题				
4	S	1	1	2	乐意并适时地分享信息。诚恳、谦恭并敏锐地和他人进行沟通				
评估标准 0-1-2(差-一般-良好)						合计			

表 1-18　汇总表

学习领域：			项目：			
任务名称：			小组(　　　)　　个人(　　　)			
组名(姓名)：			学号		工位号	工件号
班级：			日期：			
序号	评估项目	各项评分合计	各项指标数量	100 制得分	权重	得分
1	目视检查评价					
2	测量评价					
3	核心能力评价					
合计						

2. 在进行这个项目的过程中你有何收获？

____

____

____

____

3. 如果下次你分配了一个类似的任务你能在什么地方进行改进？

____

____

____

____

学习任务三　机器人本体三维建模与组装驱动

学习目标

1. 能够注写出各轴零件图上的技术要求。
2. 能够口头复述工作任务并明确任务要求。
3. 能够完成机器人本体三维建模与组装驱动派工单的填写。
4. 能够正确添加装配文件。
5. 能够正确运用装配约束功能。

6. 能够按小组分工明确各轴的三维建模计划并填写计划表。

7. 能够按小组分工明确各轴的装配计划并填写计划表。

8. 能够发现计划中的不足。

9. 能够对计划提出可行的建议。

10. 能够运用教材、手册等，查找相关术语。

11. 能够有条理按计划综合运用软件完成建模。

12. 能够有条理按计划综合运用软件完成装配。

13. 能够运用测量指令进行测量。

14. 能够接受反馈的信息。

15. 能够正确地进行自检。

16. 能主动获取有效信息，展示工作成果，对学习与工作进行总结反思，能与他人合作，进行有效沟通。

建议学时

42 学时。

工作情境描述

某机器人公司要生产某品牌机器人，设计部已完成该品牌机器人的本体设计，现需要对生产的样品（6 台）进行测试，该公司负责人了解到我院现有的设备、师资水平、生产能力均能满足该品牌机器人本体的生产，故找到我院并将生产样品的任务交予我院。现教师给同学们布置了机器人本体三维建模与组装驱动任务，通过使用 NX 软件完成三维建模任务并完成组装和驱动测试。

接到任务后，同学们根据学校现有的设备和软件进行产品的三维建模。通过 NX 软件各功能（草图、直线、图、特征生成与切割、装配）的使用，在规定时间内完成机器人本体三维建模与组装驱动，遵循 8S 管理。

教学流程与活动

一、获取信息

1. 阅读任务书，明确任务要求（2 学时）

2. 学习 NX 软件中的装配约束（6 学时）

二、制订机器人本体三维建模与组装驱动计划（4 学时）

三、评估机器人本体三维建模与组装驱动计划（2 学时）

四、实施机器人本体三维建模与组装驱动

1. 实施机器人本体零件三维建模（20 学时）

2. 实施机器人本体组装与驱动（4 学时）

五、机器人本体三维建模与组装驱动检测（2 学时）

六、评价反馈（2 学时）

学习活动一 获取信息

子步骤1：阅读任务书，明确任务要求

学习目标

1. 能够注写出各轴零件图上的技术要求。
2. 能够口头复述工作任务并明确任务要求。
3. 能够完成机器人本体三维建模与组装驱动派工单的填写。

建议学时：2学时。

学习准备

教材、互联网资源、多媒体设备。

学习过程

1. 阅读生产任务单

生产任务单见表1-19。

表1-19 生产任务单

需方单位名称				完成日期	年 月 日	
序号	产品名称	材料	数量	技术标准、质量要求		
1	机器人本体各零件图	3040 铝	5 套	按图样要求		
2						
生产批准时间		年 月 日	批准人			
通知任务时间		年 月 日	发单人			
接单时间		年 月 日	接单人		生产班组	

2. 人员分工

1）小组负责人：________________。

2）小组成员及分工。

姓名	分工

3. 图样分析

机器人本体各部分零件图和装配图如图1-28～图1-37所示。

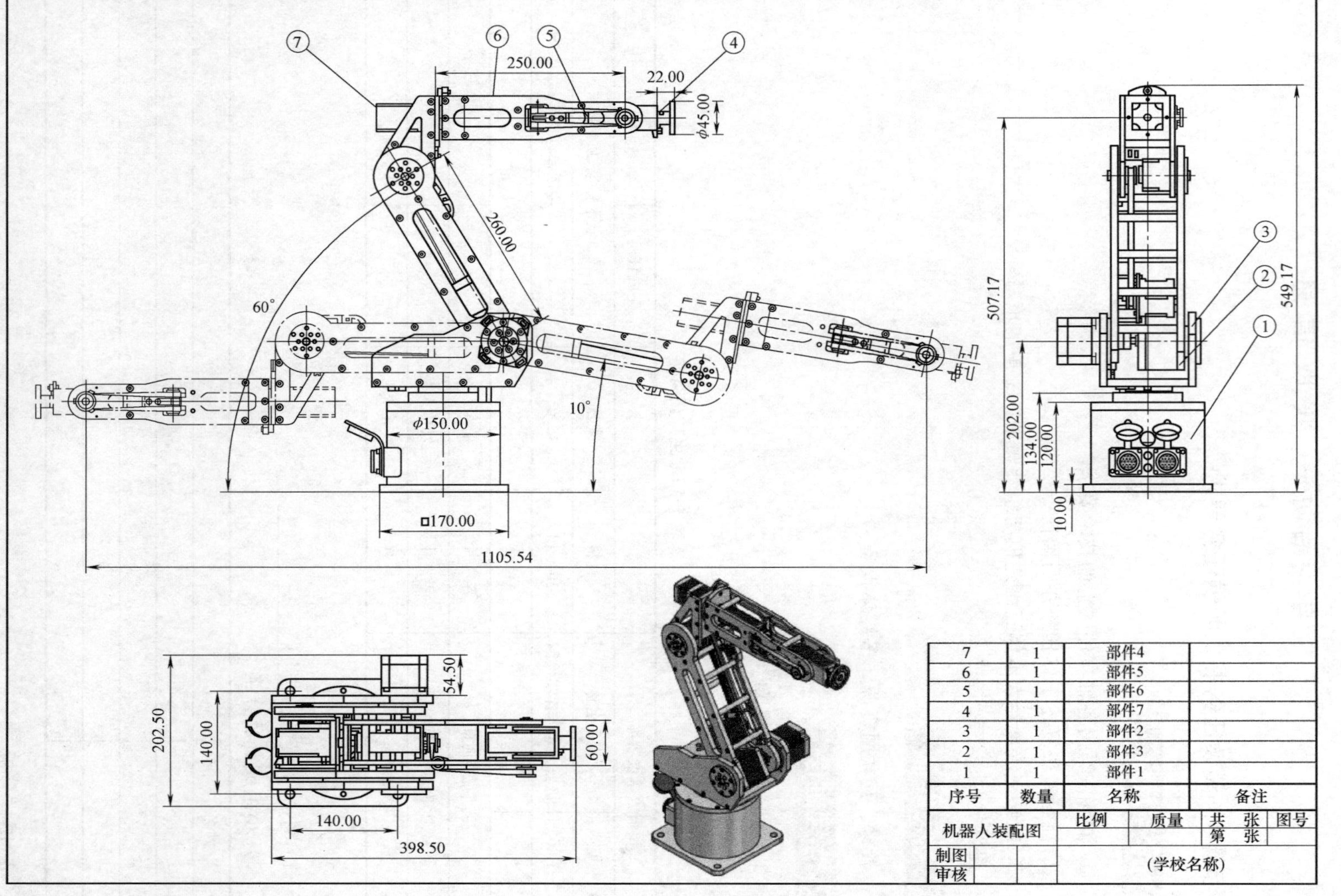
250.00
22.00
φ45.00
260.00
60°
10°
φ150.00
□170.00
1105.54
507.17
549.17
202.00
134.00
120.00
10.00
54.50
202.50
140.00
60.00
140.00
398.50
序号
数量
名称
备注
7 1 部件4
6 1 部件5
5 1 部件6
4 1 部件7
3 1 部件2
2 1 部件3
1 1 部件1
机器人装配图
比例
质量
共 张
第 张
图号
制图
审核
(学校名称)
图 1-28 机器人装配图

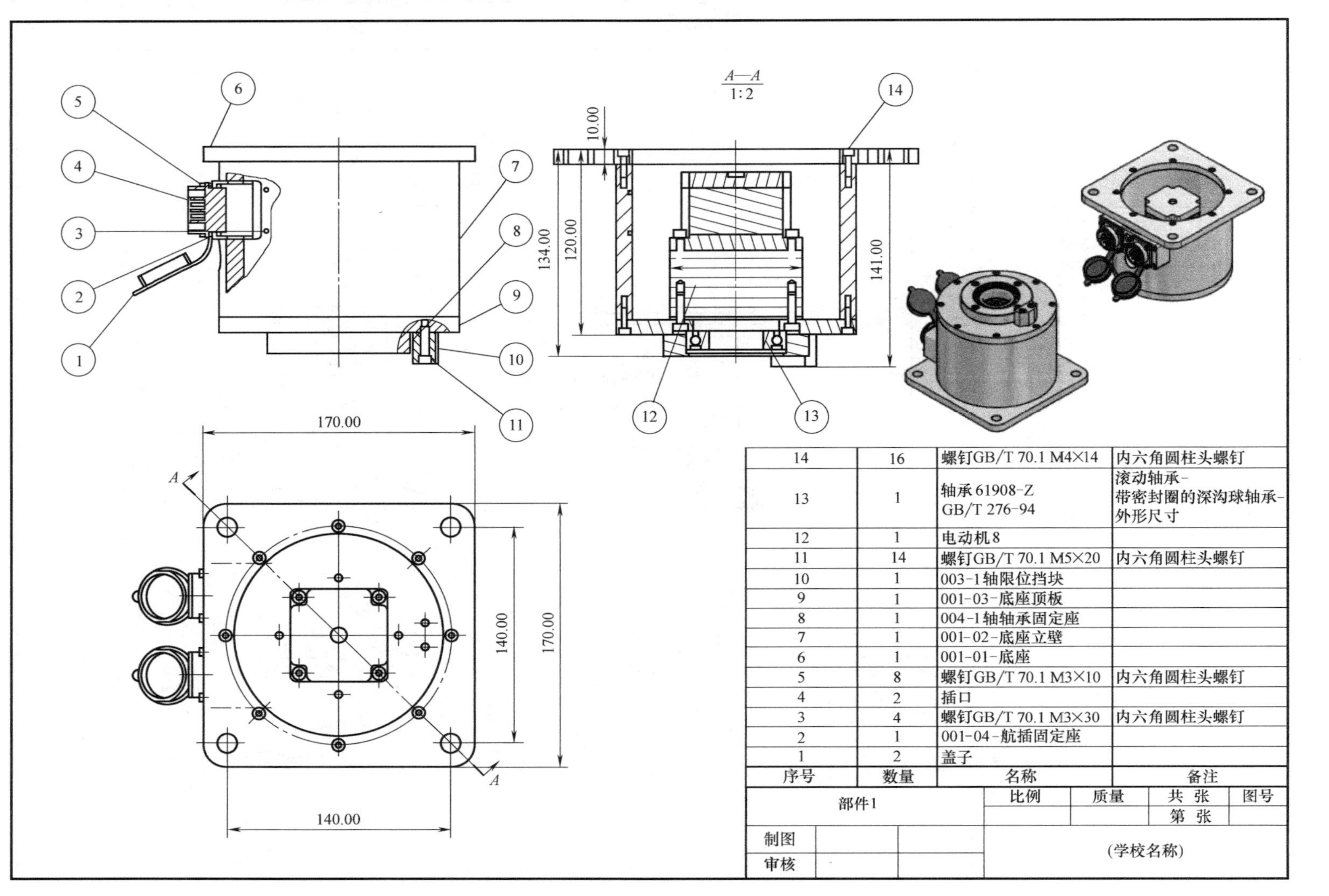

序号	数量	名称	备注
14	16	螺钉GB/T 70.1 M4×14	内六角圆柱头螺钉
13	1	轴承 61908-Z GB/T 276-94	滚动轴承-带密封圈的深沟球轴承-外形尺寸
12	1	电动机8	
11	14	螺钉GB/T 70.1 M5×20	内六角圆柱头螺钉
10	1	003-1轴限位挡块	
9	1	001-03-底座顶板	
8	1	004-1轴轴承固定座	
7	1	001-02-底座立壁	
6	1	001-01-底座	
5	8	螺钉GB/T 70.1 M3×10	内六角圆柱头螺钉
4	2	插口	
3	4	螺钉GB/T 70.1 M3×30	内六角圆柱头螺钉
2	1	001-04-航插固定座	
1	2	盖子	

部件1		比例	质量	共 张	图号
				第 张	
制图		(学校名称)			
审核					

图 1-29　一轴装配图

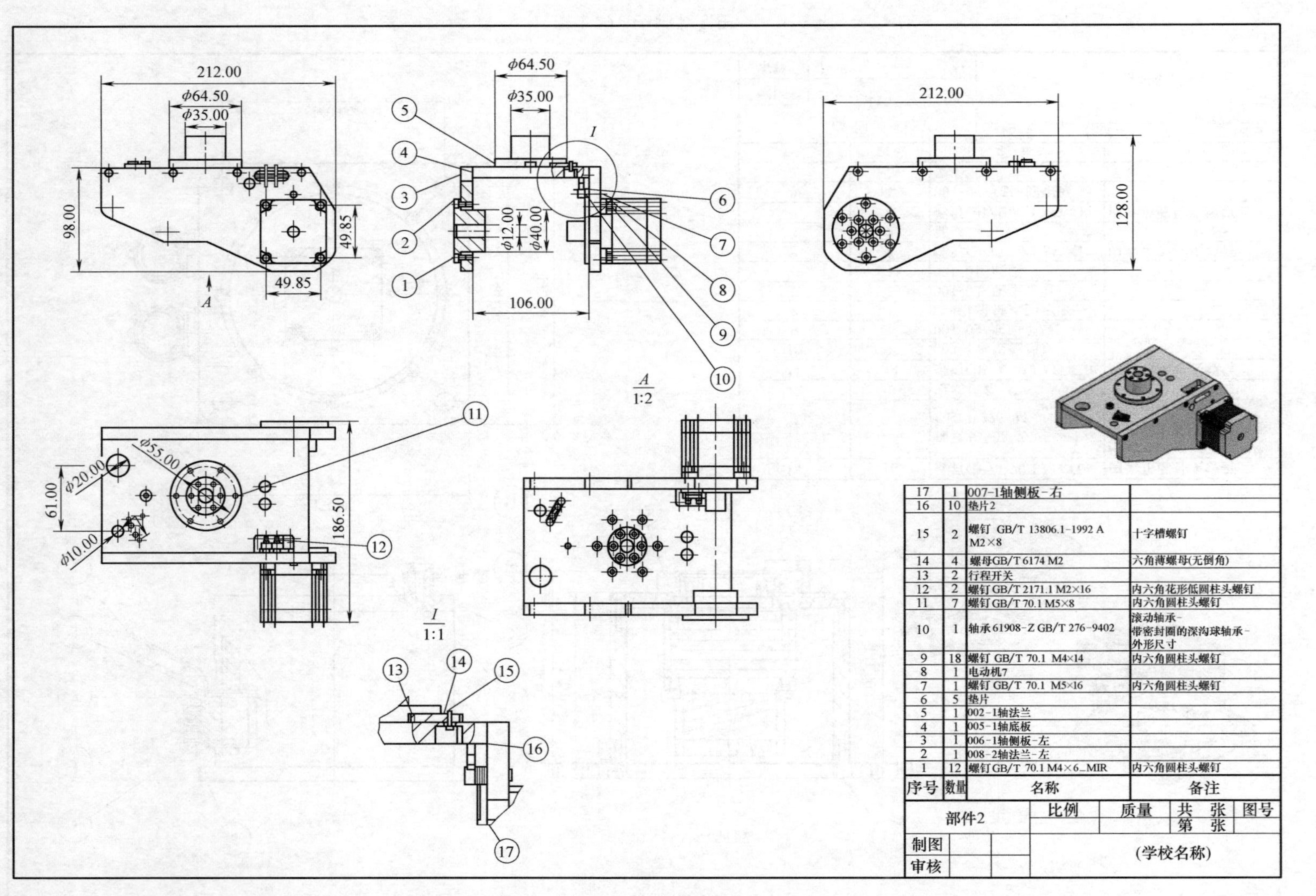

序号	数量	名称	备注
17	1	007-1轴侧板-右	
16	10	垫片2	
15	2	螺钉 GB/T 13806.1-1992 A M2×8	十字槽螺钉
14	4	螺母GB/T 6174 M2	六角薄螺母(无倒角)
13	2	行程开关	
12	2	螺钉GB/T 2171.1 M2×16	内六角花形低圆柱头螺钉
11	7	螺钉GB/T 70.1 M5×8	内六角圆柱头螺钉
10	1	轴承61908-Z GB/T 276-9402	滚动轴承-带密封圈的深沟球轴承-外形尺寸
9	18	螺钉 GB/T 70.1 M4×14	内六角圆柱头螺钉
8	1	电动机7	
7	1	螺钉 GB/T 70.1 M5×16	内六角圆柱头螺钉
6	5	垫片	
5	1	002-1轴法兰	
4	1	005-1轴底板	
3	1	006-1轴侧板-左	
2	1	008-2轴法兰-左	
1	12	螺钉GB/T 70.1 M4×6_MIR	内六角圆柱头螺钉

部件2		比例	质量	共 张 第 张	图号
制图					
审核		(学校名称)			

图 1-30　二轴装配图

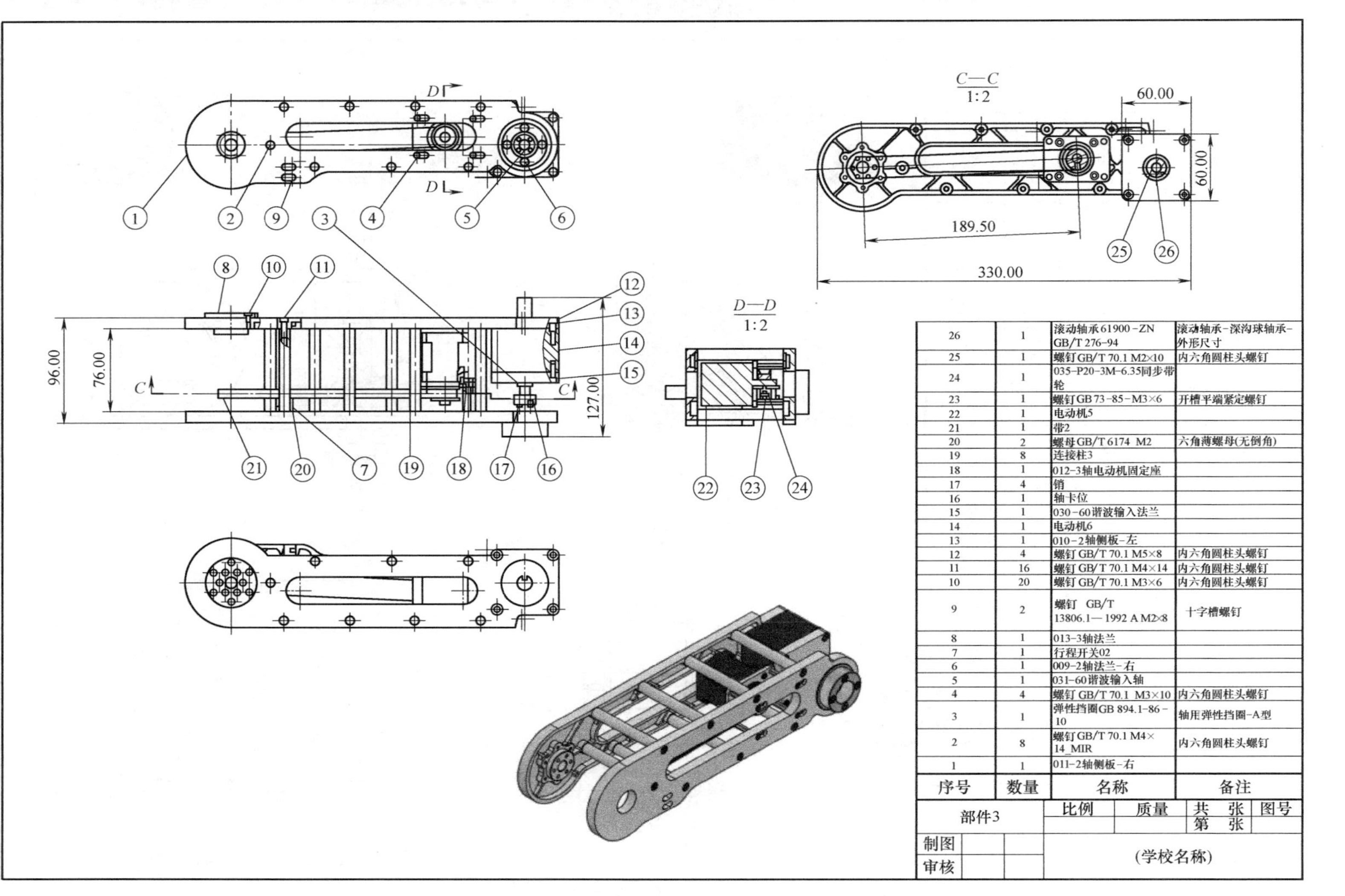

序号	数量	名称	备注
26	1	滚动轴承61900-ZN GB/T 276-94	滚动轴承-深沟球轴承-外形尺寸
25	1	螺钉GB/T 70.1 M2×10	内六角圆柱头螺钉
24	1	035-P20-3M-6.35同步带轮	
23	1	螺钉GB 73-85-M3×6	开槽平端紧定螺钉
22	1	电动机5	
21	1	带2	
20	2	螺母GB/T 6174 M2	六角薄螺母(无倒角)
19	8	连接柱3	
18	1	012-3轴电动机固定座	
17	4	销	
16	1	轴卡位	
15	1	030-60谐波输入法兰	
14	1	电动机6	
13	1	010-2轴侧板-左	
12	4	螺钉GB/T 70.1 M5×8	内六角圆柱头螺钉
11	16	螺钉GB/T 70.1 M4×14	内六角圆柱头螺钉
10	20	螺钉GB/T 70.1 M3×6	内六角圆柱头螺钉
9	2	螺钉　GB/T 13806.1—1992 A M2×8	十字槽螺钉
8	1	013-3轴法兰	
7	1	行程开关02	
6	1	009-2轴法兰-右	
5	1	031-60谐波输入轴	
4	4	螺钉GB/T 70.1 M3×10	内六角圆柱头螺钉
3	1	弹性挡圈GB 894.1-86-10	轴用弹性挡圈-A型
2	8	螺钉GB/T 70.1 M4×14_MIR	内六角圆柱头螺钉
1	1	011-2轴侧板-右	

部件3		比例	质量	共　张	图号
				第　张	
制图		(学校名称)			
审核					

图 1-31　三轴装配图

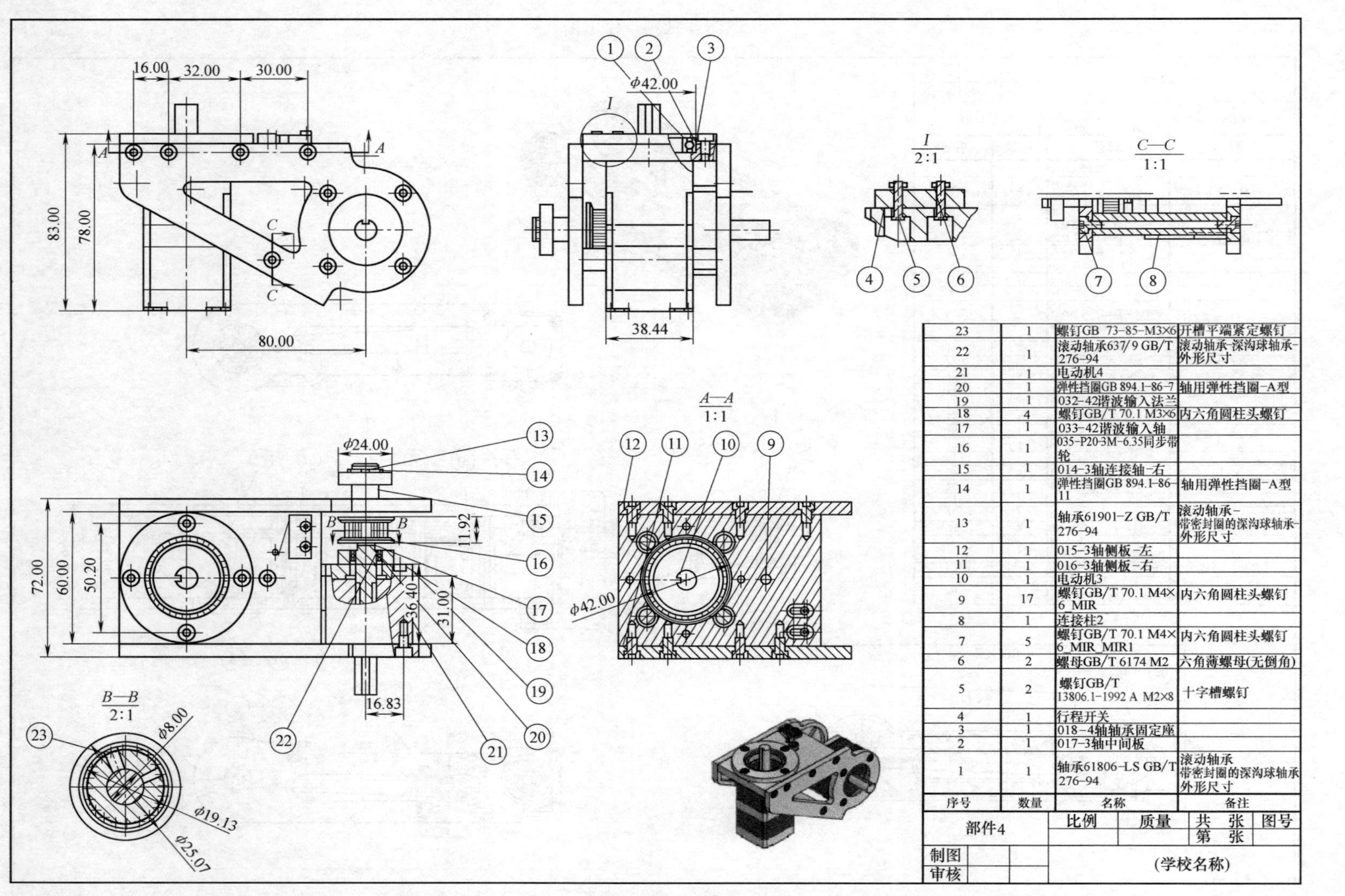
16.00
32.00
30.00
83.00
78.00
80.00
A
C
ϕ42.00
I
38.44
I
2:1
C—C
1:1
A—A
1:1
ϕ24.00
11.92
B
72.00
60.00
50.20
36.40
31.00
16.83
B—B
2:1
ϕ8.00
ϕ19.13
ϕ25.07
23 1 螺钉GB 73–85–M3×6 开槽平端紧定螺钉
22 1 滚动轴承637/9 GB/T 276–94 滚动轴承–深沟球轴承–外形尺寸
21 1 电动机4
20 1 弹性挡圈GB 894.1–86–7 轴用弹性挡圈–A型
19 1 032–42谐波输入法兰
18 4 螺钉GB/T 70.1 M3×6 内六角圆柱头螺钉
17 1 033–42谐波输入轴
16 1 035–P20-3M–6.35同步带轮
15 1 014–3轴连接轴–右
14 1 弹性挡圈GB 894.1–86–11 轴用弹性挡圈–A型
13 1 轴承61901–Z GB/T 276–94 滚动轴承–带密封圈的深沟球轴承–外形尺寸
12 1 015–3轴侧板–左
11 1 016–3轴侧板–右
10 1 电动机3
9 17 螺钉GB/T 70.1 M4×6_MIR 内六角圆柱头螺钉
8 1 连接柱2
7 5 螺钉GB/T 70.1 M4×6_MIR_MIR1 内六角圆柱头螺钉
6 2 螺母GB/T 6174 M2 六角薄螺母(无倒角)
5 2 螺钉GB/T 13806.1–1992 A M2×8 十字槽螺钉
4 1 行程开关
3 1 018–4轴轴承固定座
2 1 017–3轴中间板
1 1 轴承61806–LS GB/T 276–94 滚动轴承 带密封圈的深沟球轴承 外形尺寸
序号 数量 名称 备注
部件4
比例 质量 共 张 第 张 图号
制图
审核
(学校名称)

图 1-32 四轴装配图

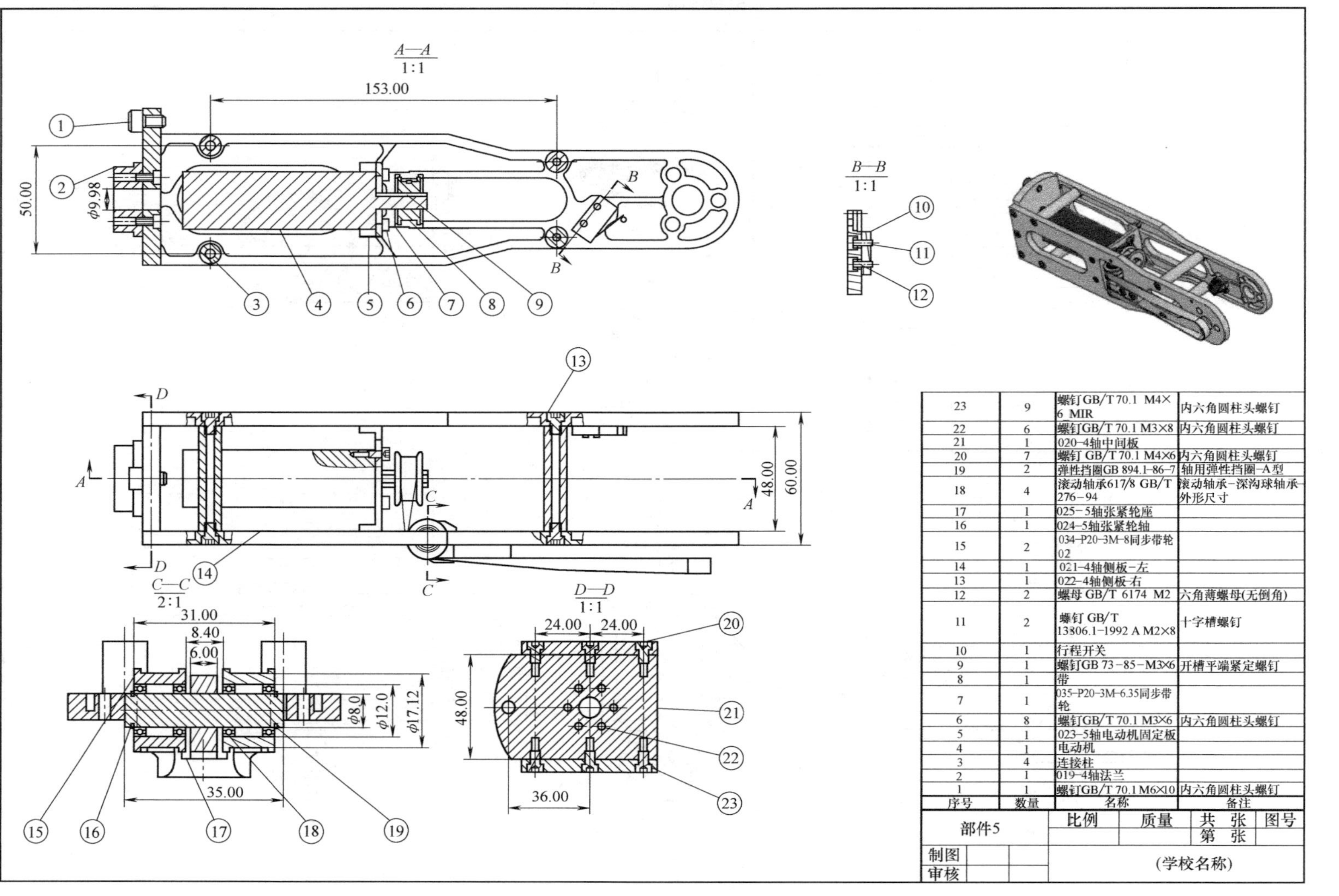
A—A
1:1
153.00
50.00
φ9.98
B
B—B
1:1
D
A
C
48.00
60.00
C—C
2:1
31.00
8.40
6.00
φ8.0
φ12.0
φ17.12
35.00
D—D
1:1
24.00
24.00
48.00
36.00
23 9 螺钉GB/T 70.1 M4×6 MIR 内六角圆柱头螺钉
22 6 螺钉GB/T 70.1 M3×8 内六角圆柱头螺钉
21 1 020-4轴中间板
20 7 螺钉 GB/T 70.1 M4×6 内六角圆柱头螺钉
19 2 弹性挡圈GB 894.1-86-7 轴用弹性挡圈-A型
18 4 滚动轴承617/8 GB/T 276-94 滚动轴承-深沟球轴承-外形尺寸
17 1 025-5轴张紧轮座
16 1 024-5轴张紧轮轴
15 2 034-P20-3M-8同步带轮02
14 1 021-4轴侧板-左
13 1 022-4轴侧板-右
12 2 螺母 GB/T 6174 M2 六角薄螺母(无倒角)
11 2 螺钉 GB/T 13806.1-1992 A M2×8 十字槽螺钉
10 1 行程开关
9 1 螺钉GB 73-85-M3×6 开槽平端紧定螺钉
8 1 带
7 1 035-P20-3M-6.35同步带轮
6 8 螺钉GB/T 70.1 M3×6 内六角圆柱头螺钉
5 1 023-5轴电动机固定板
4 1 电动机
3 4 连接柱
2 1 019-4轴法兰
1 1 螺钉GB/T 70.1 M6×10 内六角圆柱头螺钉
序号 数量 名称 备注
部件5
比例 质量 共 张 图号
第 张
制图
审核
(学校名称)

图 1-33　五轴装配图

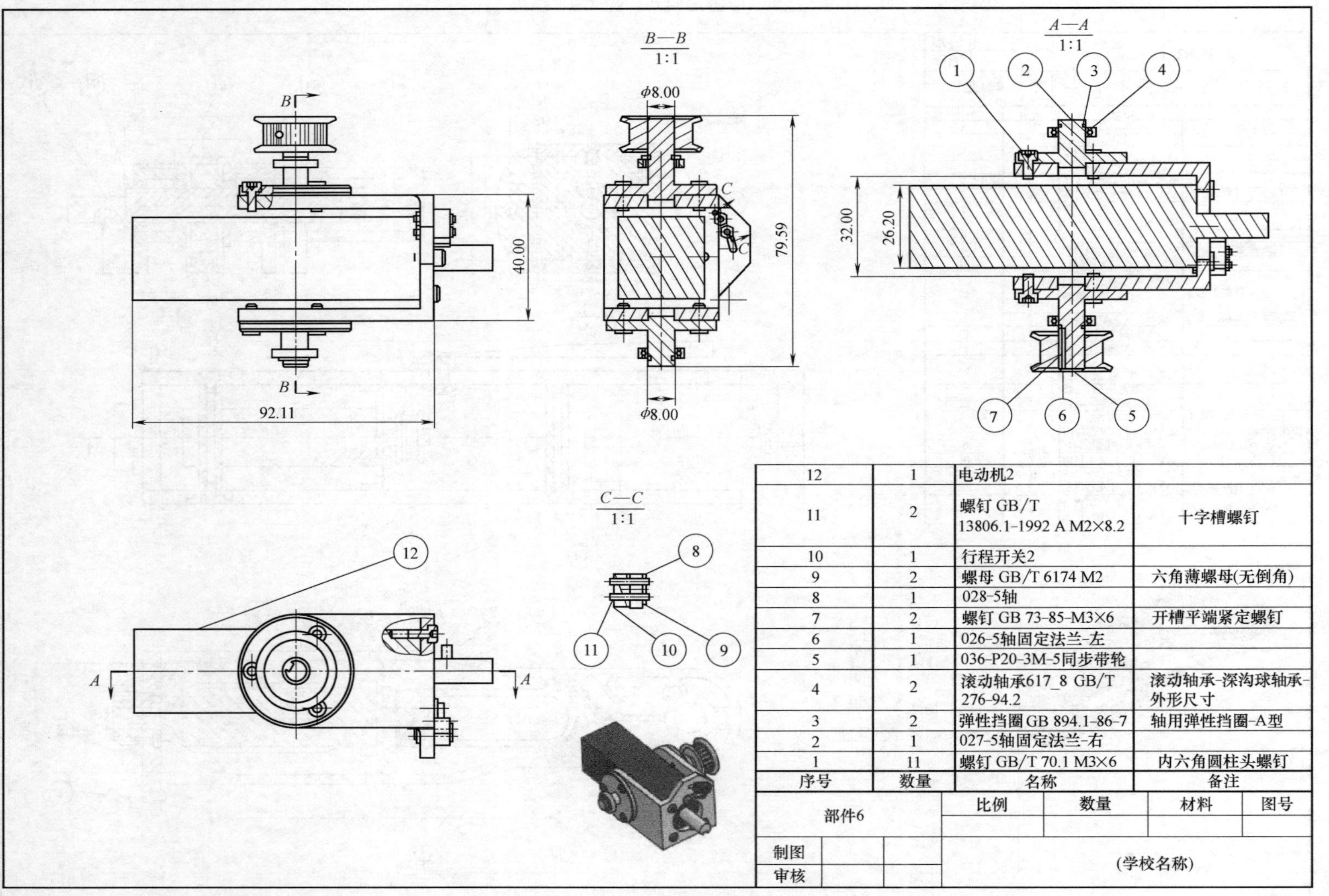

序号	数量	名称	备注
12	1	电动机2	
11	2	螺钉 GB/T 13806.1-1992 A M2×8.2	十字槽螺钉
10	1	行程开关2	
9	2	螺母 GB/T 6174 M2	六角薄螺母(无倒角)
8	1	028-5轴	
7	2	螺钉 GB 73-85-M3×6	开槽平端紧定螺钉
6	1	026-5轴固定法兰-左	
5	1	036-P20-3M-5同步带轮	
4	2	滚动轴承617_8 GB/T 276-94.2	滚动轴承-深沟球轴承-外形尺寸
3	2	弹性挡圈 GB 894.1-86-7	轴用弹性挡圈-A型
2	1	027-5轴固定法兰-右	
1	11	螺钉 GB/T 70.1 M3×6	内六角圆柱头螺钉

部件6	比例	数量	材料	图号
制图	(学校名称)			
审核				

图 1-34 六轴装配图

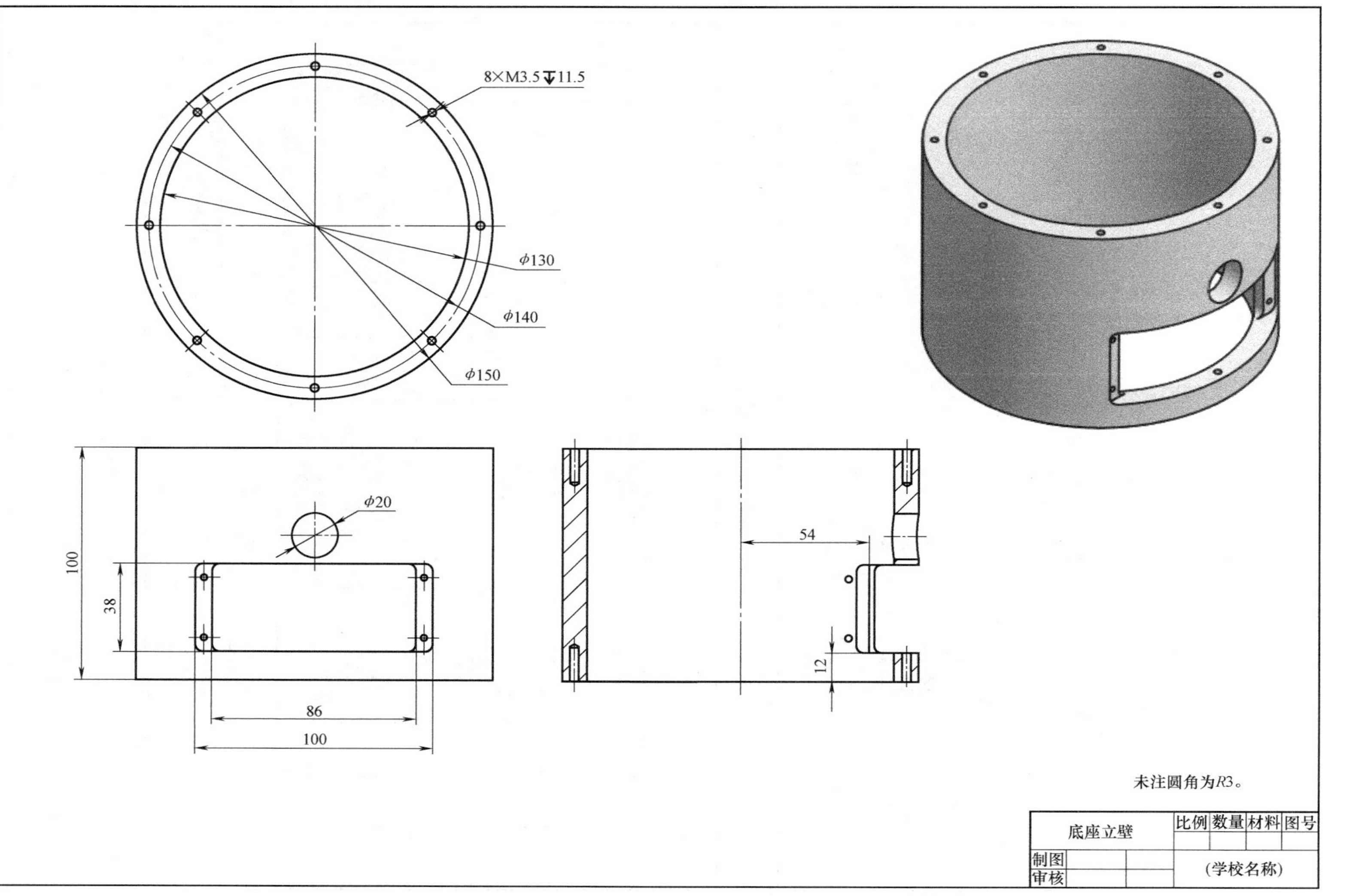

8×M3.5↧11.5
φ130
φ140
φ150
φ20
100
38
86
100
54
12
未注圆角为R3。
底座立壁
比例
数量
材料
图号
制图
审核
(学校名称)

图 1-35　底座立壁

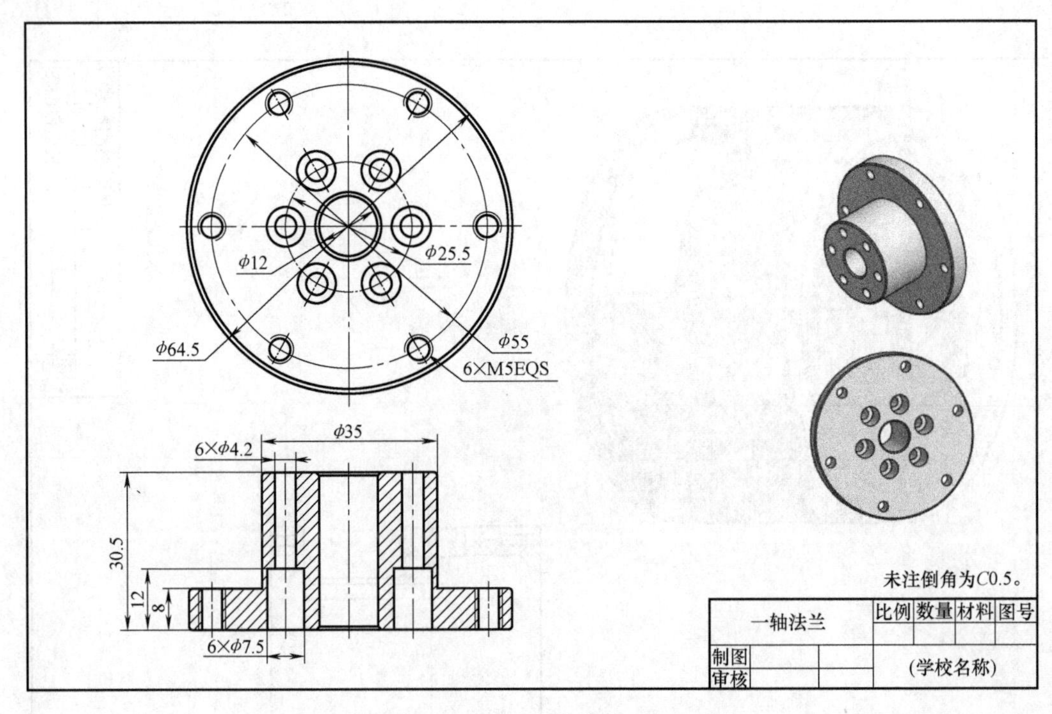

图 1-36　一轴法兰

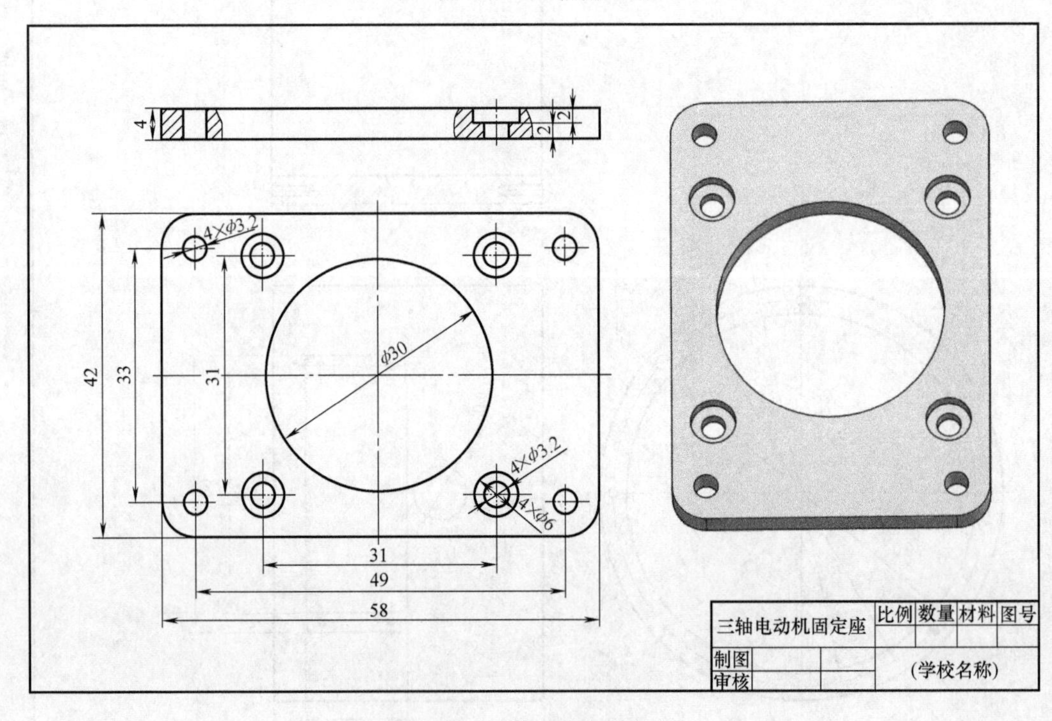

图 1-37　三轴电动机固定座

上图所示有哪些技术要求？

子步骤 2：学习 NX 软件中的装配约束

学习目标

1. 能够正确添加装配文件。
2. 能够正确运用装配约束功能。

建议学时：6 学时。

学习准备

教材、互联网资源、多媒体设备。

学习过程

1. 什么是机械装配？

____

2. 装配中的添加如何进行？

____

3. 装配导航器的使用。

____

4. 什么是装配约束？

____

5. 连连看，把对应的功能用线连起来。

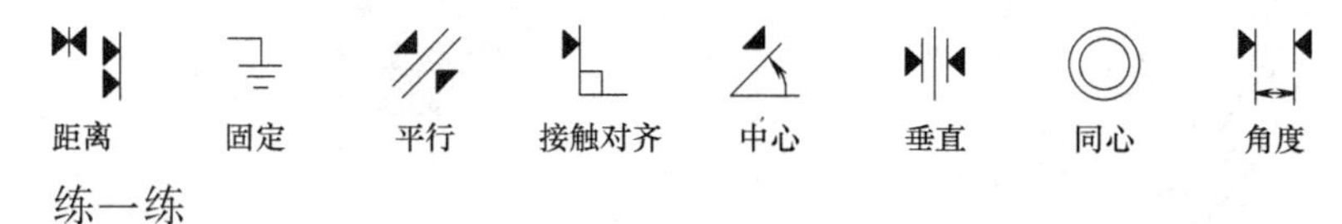

练一练

完成图 1-38 的装配练习，看看谁更熟练。

你完成所需时间________，小组完成总时间________。

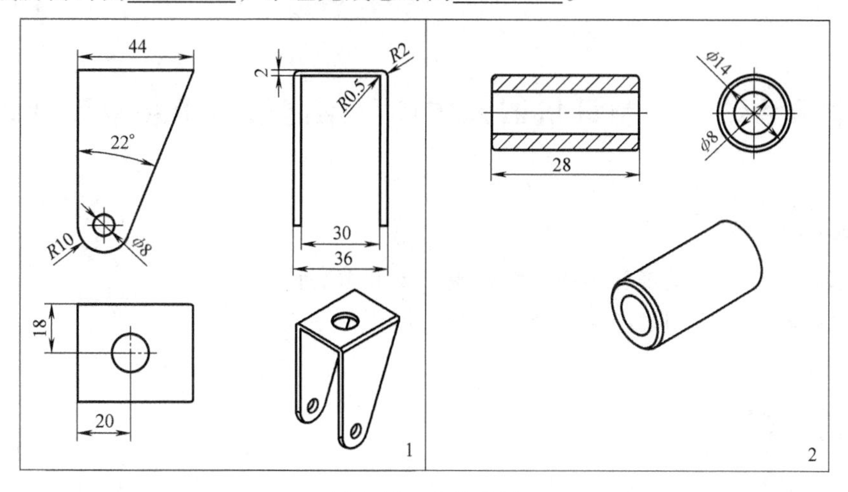

图 1-38　小组轮图

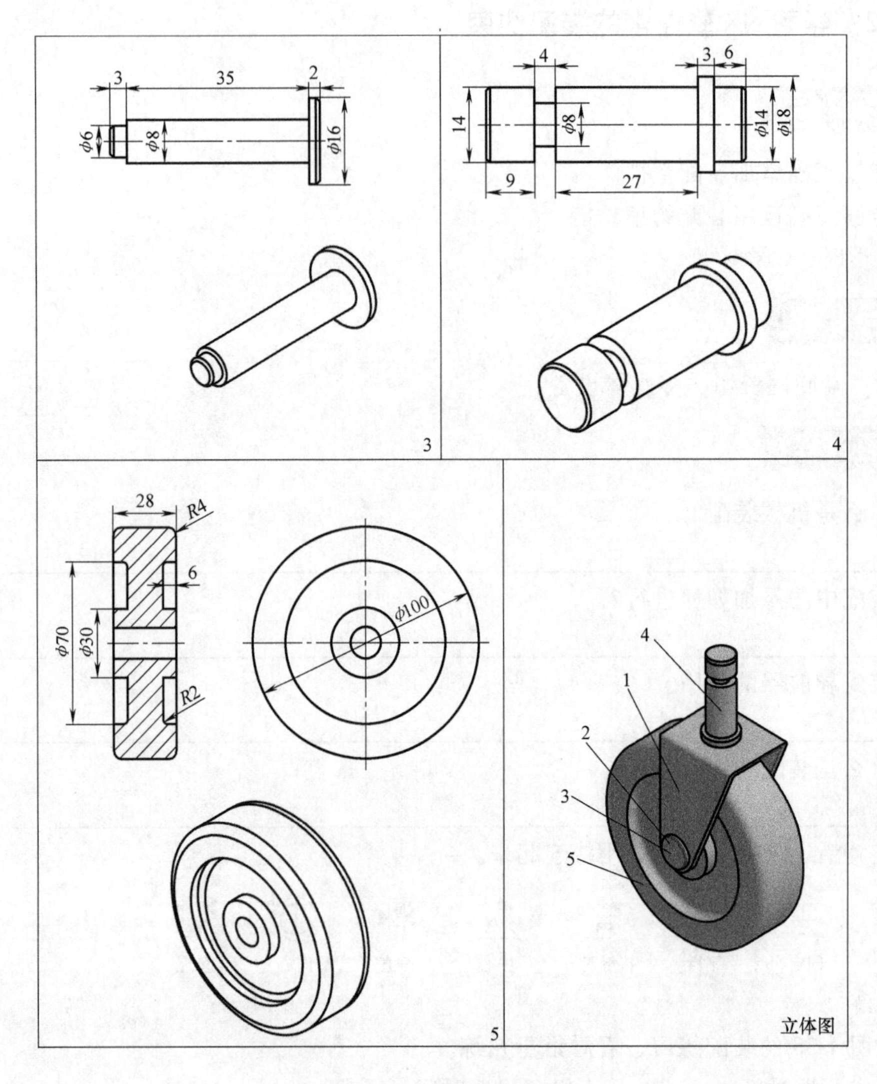

图 1-38　小组轮图（续）

学习活动二　制订机器人本体三维建模与组装驱动计划

学习目标

1. 能够按小组分工明确各轴的三维建模计划并填写计划表。
2. 能够按小组分工明确各轴的装配计划并填写计划表。

建议学时：4 学时。

学习准备

教材、互联网资源、多媒体设备。

学习过程

机器人本体三维建模工作计划见表 1-20，机器人本体装配工作计划见表 1-21。

1. 根据计划表你能从中得到什么信息?

2. 填写计划表时要注意什么问题?

3. 填写计划表有何意义?

表 1-20　机器人本体三维建模工作计划

序号	工作阶段/步骤	工具/材料清单	负责人	工作安全	质量检验	计划完成时间/min	实际完成时间/min
1							
2							
3							
4							
5							
6							
7							
8							
9							
10							
工作计划决策与反馈							
课程工作任务名称	机器人机械部件生产与组装						
	机器人本体三维建模与组装驱动						
	工作页　编号:LS2-1-4						

表 1-21　机器人本体装配工作计划

序号	工作阶段/步骤	工具/材料清单	负责人	工作安全	质量检验	计划完成时间/min	实际完成时间/min
1							
2							
3							
4							
5							
6							

（续）

序号	工作阶段/步骤	工具/材料清单	负责人	工作安全	质量检验	计划完成时间/min	实际完成时间/min
7							
8							
9							
10							
工作计划决策与反馈							

课程工作任务名称	机器人机械部件生产与组装
	机器人本体三维建模与组装驱动
	工作页　　编号：LS2-1-4

学习活动三　评估机器人本体三维建模与组装驱动计划

学习目标

1. 能够发现计划中的不足。
2. 能够对计划提出可行的建议。

建议学时：2 学时。

学习准备

教材、互联网资源、多媒体设备。

学习过程

1. 记录本组计划的不足之处。

____

____

2. 记录计划中修改的内容。

____

____

学习活动四　实施机器人本体三维建模与组装驱动

子步骤 1：实施机器人本体三维建模

学习目标

1. 能够运用教材、手册等，查找相关术语。

2. 能够有条理按计划综合运用软件完成建模。

建议学时：20 学时。

学习准备

教材、互联网资源、多媒体设备。

学习过程

1. 建模基准应该如何选择？

2. 如何提升建模的效率？

子步骤 2：实施机器人本体组装驱动

学习目标

能够有条理按计划综合运用软件完成装配。

建议学时：4 学时。

学习准备

教材、互联网资源、加工中心、多媒体设备。

学习过程

1. 在组装机器人本体过程中遇到了什么问题？

2. 进行机械组装时应该注意些什么问题？

3. 驱动机器人本体运动应先驱动哪个轴？

4. 在为机器人本体各轴添加驱动时遇到了什么需要注意的问题？

学习活动五　机器人本体三维模型与组装驱动检测

学习目标

能够运用测量指令进行测量。

建议学时：2 学时。

学习准备

教材、互联网资源、机器人电动机固定板零件、多媒体设备。

学习过程

目视检查评价表见表 1-22，测量评价表见表 1-23。

表 1-22　目视检查评价表

学习领域：			项目：				
任务名称：			小组(　　　)　个人(　　　)				
组名(姓名)：			学号		工位号		工件号
班级：			日期：				
序号	姓名	检查项目	检查标准	评分(10-9-7-5-3-0)			
				自评分	他人评分	差异	
1		产品的完整性	目测检查是否完成了各部位的绘制				
2		零件绘画定位	是否根据零件图要求进行原点定位				
3							
合计							

表 1-23　测量评价表

学习领域：			项目：					
任务名称：			小组(　　　)　个人(　　　)					
组名(姓名)：			学号		工位号		工件号	
班级：			日期：					
序号	姓名	测量项目	测量标准	评分(10 或 0)				
				测量结果	自评分	测量结果	他人评分	差异
1								
2								
3								
4								
5								
6								
7								
合计								

学习活动六　评 价 反 馈

学习目标

1. 能够接受反馈的信息。
2. 能够正确地进行自检。

建议学时：2 学时。

学习准备

教材、互联网资源、多媒体设备。

学习过程

1. 评价

完成表 1-24 所示的核心能力评价表和表 1-25 所示的汇总表。

表 1-24　核心能力评价表

学习领域：					项目：				
任务名称：					小组(　　　)　　个人(　　　)				
组名(姓名)：					学号		工位号		工件号
班级：					日期：				
序号	行为概况				期待表现	评分(0-1-2)			
	能力种类	能力序号	专业阶段	指标考核	行为指标	选择该指标的理由	自评分	教师/他人评分	差异
1	I	1	2	2	提供思路或修改建议，来处理当前的情况或问题				
2	I	1	2	3	不需提示便能做好超出常规工作要求的简单任务(例如，在自己的学习任务完成时，主动帮助别人)				
3	M	1	1	2	找出完成任务或做出决策时所需要的信息				
4	M	2	2	1	明确学习(工作)任务的参与者与时间安排				
5	S	1	1	2	乐意并适时地分享信息。诚恳、谦恭并敏锐地和他人进行沟通				
6	S	2	2	1	展开与他人的合作关系。承担额外的职责以促进团队目标的达成				
7									
8									
9									
评估标准 0-1-2(差-一般-良好)						合计			

表 1-25　汇总表

学习领域：			项目：			
任务名称：			小组（　　）　个人（　　）			
组名（姓名）：			学号		工位号	工件号
班级：			日期：			
序号	评估项目	各项评分合计	各项指标数量	100 制得分	权重	得分
1	目视检查评价					
2	测量评价					
3	核心能力评价					
合计						

2. 在进行这个项目的过程中你有何收获？

____

____

____

____

3. 如果下次你分配了一个类似的任务你能在什么地方进行改进？

____

____

____

____

项目二

机器人底座的生产与组装

学习任务一　机器人底座板的加工（钳工基础技能）

学习目标

1. 能够注写出各轴零件图上的技术要求。
2. 能够口头复述工作任务并明确任务要求。
3. 能够完成机器人底座板派工单的填写。
4. 能够进行钻、锯、锉、磨等操作。
5. 能够使用钳工的各种工具和量具。
6. 能够牢记 8S 生产管理并遵循安全操作规范。
7. 能对工具进行维护与保养。
8. 能够运用教材、手册等，查找相关术语。
9. 能够按小组分工完成机器人底座板加工计划表的填写。
10. 能够发现计划中的不足。
11. 能够对计划提出可行的建议。
12. 能够正确使用钳工技能完成机器人底座板的加工。
13. 能够运用测量工具进行检测。

建议学时

120 学时。

工作情境描述

某机器人公司要生产某品牌机器人，设计部已完成该品牌机器人的本体设计，现需要生产样品（6 台）进行测试，该公司负责人了解到我院现有的设备、师资水平、生产能力均能满足该品牌机器人本体的生产，故找到我院将生产样品交予生产。教师给同学们布置了机器人底座部件的加工任务，根据不同工件、材料正确选择加工设备和刀具，制订加工工艺，完成机器人底座部件的加工任务。现教师为了更好地帮助学生完成加工任务，提出将机器人底座板进行独立制造，学习钳工技能。

接到任务后，同学们根据现有的设备和加工产品的特点，使用钳工技能（钻、测量、锉、锯、攻螺纹）完成机器人底座板的生产，并遵循 8S 管理。

教学流程与活动

一、获取信息

1. 阅读任务书，明确任务要求（2 学时）

通过“机器人底座”图样了解技术要求，根据派工单关键词口头复述工作任务以明确任务要求，完成派工单的填写。

2. 理论知识（6 学时）

通过对模具学习工作站现场设备的观察，学习工、量具的使用方法，学习钻床、台虎钳机电一体的结构单元、运动原理及安全教育。绘制钻床结构示意图并配有用途说明，根据工作过程、示意图展示和汇报，进行学习过程、成果评价。

3. 操作示范、指导练习（60 学时）

通过观看视频和现场示范钳工的基础操作（安全教育、钻、测量、锉、锯、攻螺纹），独立记录各项目的操作步骤和要点，进行钻床、虎钳、测量、锉削、锯削、攻螺纹的操作练习（安全文明生产），并进行操作情况评估。

二、制订机器人底座板的加工计划（4 学时）

三、评估机器人底座板的加工计划（2 学时）

四、实施机器人底座板的加工

1. 机器人底座顶板加工（8 学时）
2. 机器人底座接线板加工（8 学时）
3. 机器人底座前侧板加工（10 学时）
4. 机器人底座左右侧板加工（8 学时）
5. 机器人底座撑脚加工（8 学时）

}（实施加工通过分组分工合作完成。42 学时）

五、机器人底座板的加工检测（2 学时）

六、评价反馈（2 学时）

学习活动一　获取信息

子步骤 1：阅读任务书，明确任务要求

学习目标

1. 能够注写出各轴零件图上的技术要求。
2. 能够口头复述工作任务并明确任务要求。
3. 能够完成机器人底座板派工单的填写。

建议学时：2 学时。

学习准备

教材、互联网资源、多媒体设备。

学习过程

1. 阅读生产任务单

生产任务单见表 2-1。

表 2-1　生产任务单

需方单位名称				完成日期	年　月　日	
序号	产品名称	材料	数量	技术标准、质量要求		
1	机器人底座板	3040 铝	5 套	按图样要求		
2						
生产批准时间		年　月　日	批准人			
通知任务时间		年　月　日	发单人			
接单时间		年　月　日	接单人		生产班组	数控加工组

2. 人员分工

1）小组负责人：__________________。

2）小组成员及分工。

姓名	分工

3. 图样分析

经过上一个任务对机器人本体进行三维建模与组装驱动的学习，我们了解到机器人的底座由底板、顶板、接线板、前侧板、左右侧板、撑脚等部件组成（图 2-1）。那么机器人的这些部件到底都是怎么生产出来的呢？今天就让我们通过机器人底座的加工来进一步学习机器人部件的加工知识。

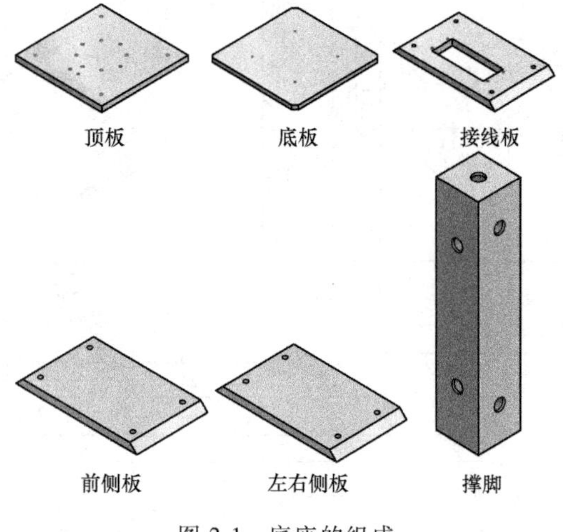

图 2-1　底座的组成

底板加工图	
任务工作： 1. 机器人底座底板加工图样识读。 2. 机器人底座底板加工。 3. 进行自我评分。	
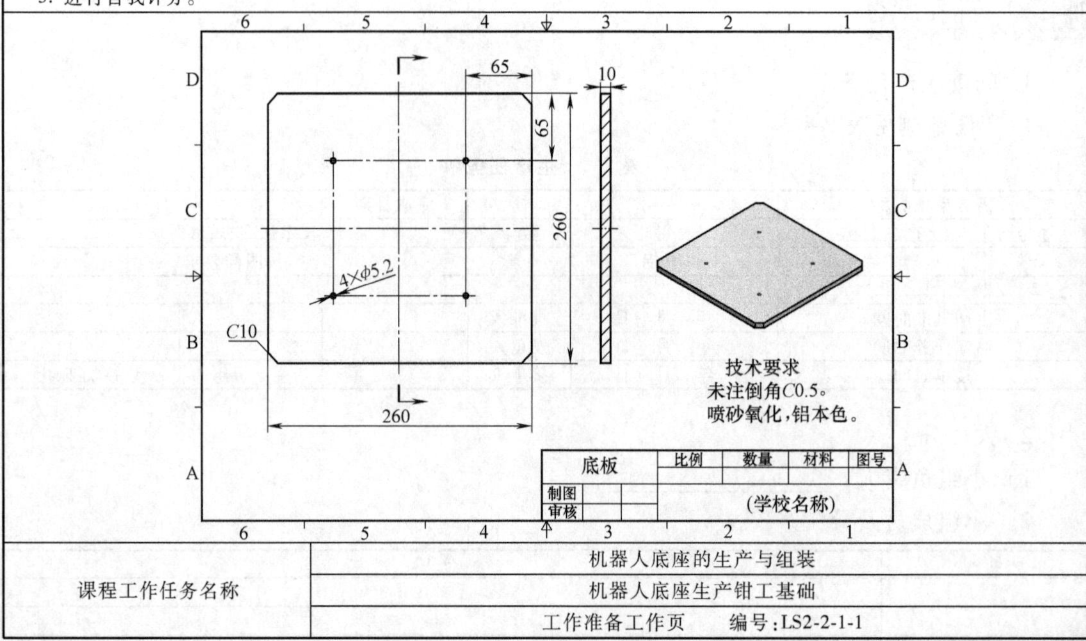	
课程工作任务名称	机器人底座的生产与组装
	机器人底座生产钳工基础
	工作准备工作页　　编号：LS2-2-1-1

顶板加工图	
任务工作： 1. 机器人底座顶板加工图样识读。 2. 机器人底座顶板加工。 3. 进行自我评分。	
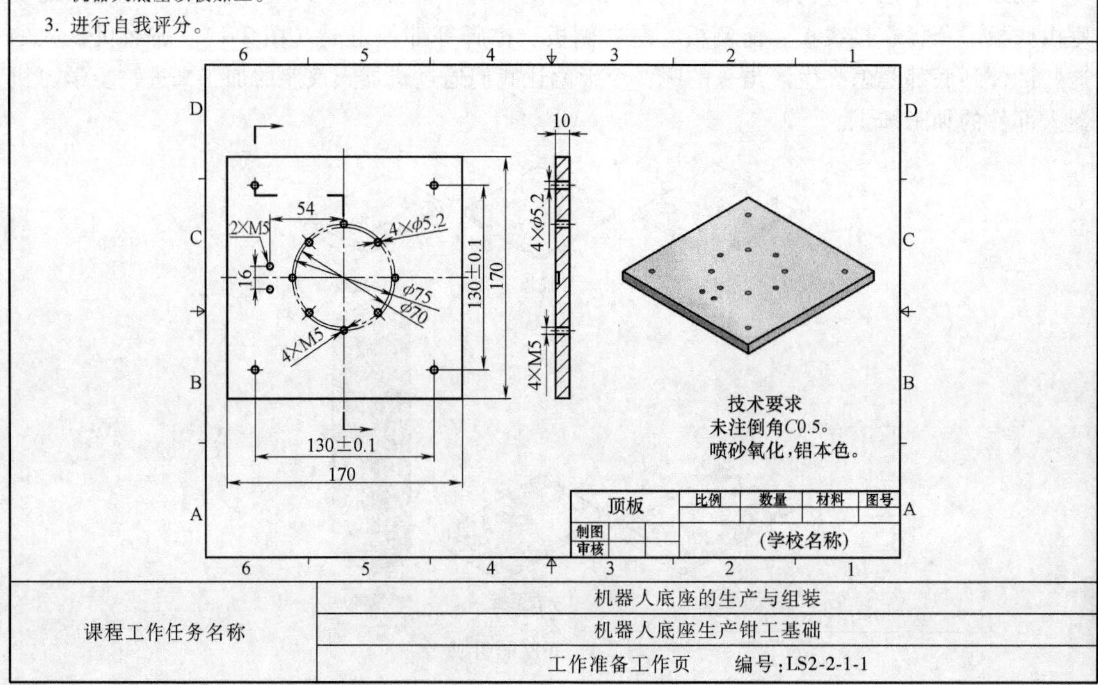	
课程工作任务名称	机器人底座的生产与组装
	机器人底座生产钳工基础
	工作准备工作页　　编号：LS2-2-1-1

接线板加工图

任务工作：
1. 机器人底座接线板加工图样识读。
2. 机器人底座接线板加工。
3. 进行自我评分。

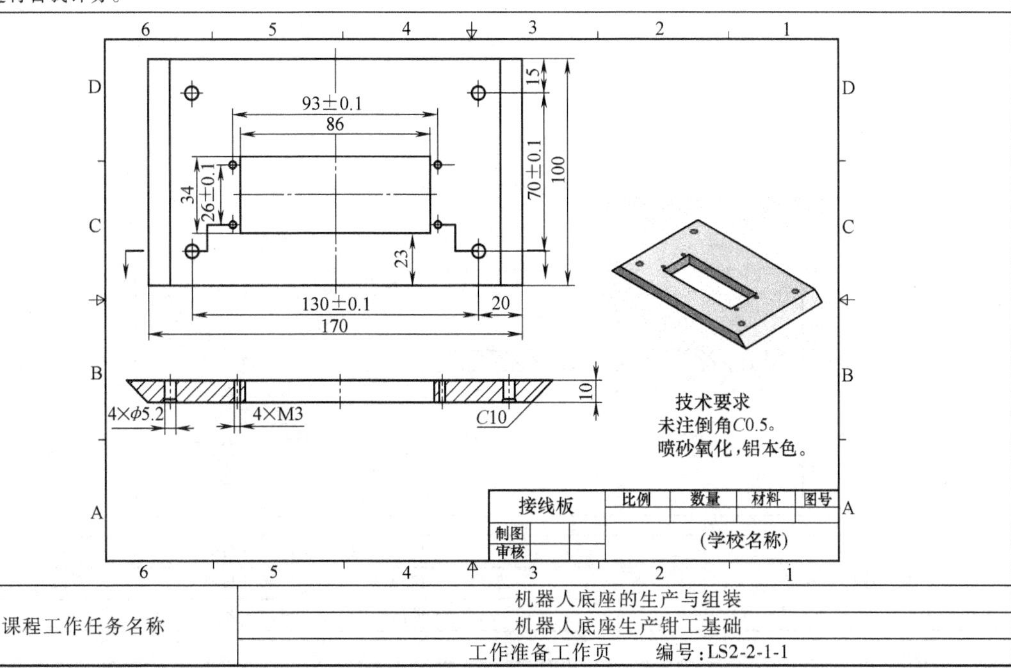

课程工作任务名称	机器人底座的生产与组装
	机器人底座生产钳工基础
	工作准备工作页　　编号：LS2-2-1-1

前侧板加工图

任务工作：
1. 机器人底座前侧板加工图样识读。
2. 机器人底座前侧板加工。
3. 进行自我评分。

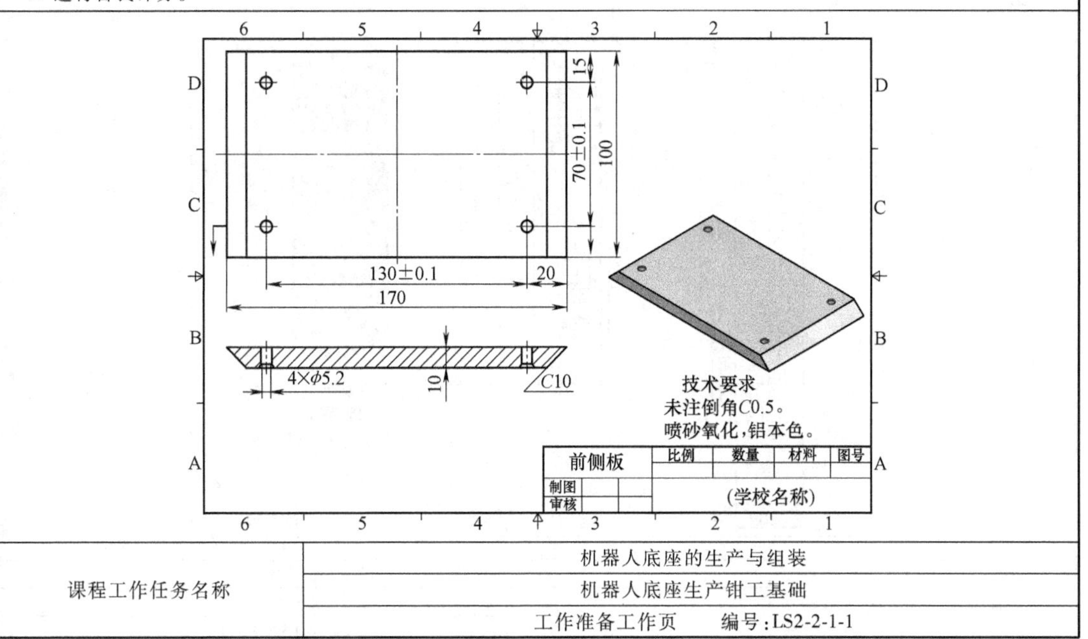

课程工作任务名称	机器人底座的生产与组装
	机器人底座生产钳工基础
	工作准备工作页　　编号：LS2-2-1-1

左右侧板加工图	
任务工作： 1. 机器人底座左右侧板加工图样识读。 2. 机器人底座左右侧板加工。 3. 进行自我评分。	
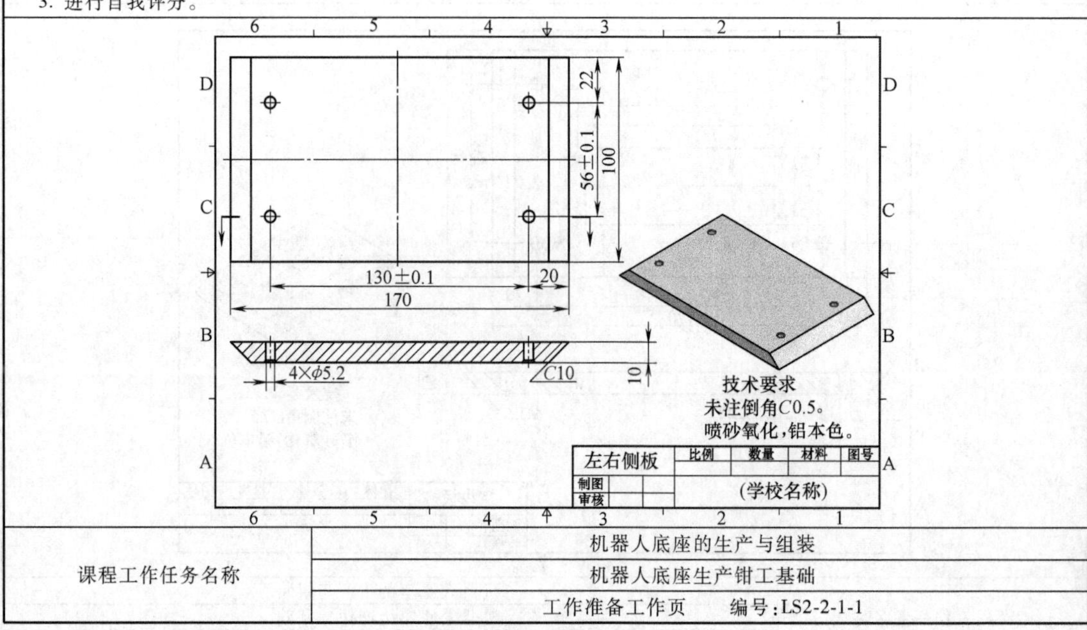	
课程工作任务名称	机器人底座的生产与组装
	机器人底座生产钳工基础
	工作准备工作页　　编号：LS2-2-1-1

撑脚加工图	
任务工作： 1. 机器人底座撑脚加工图样识读。 2. 机器人底座撑脚加工。 3. 进行自我评分。	
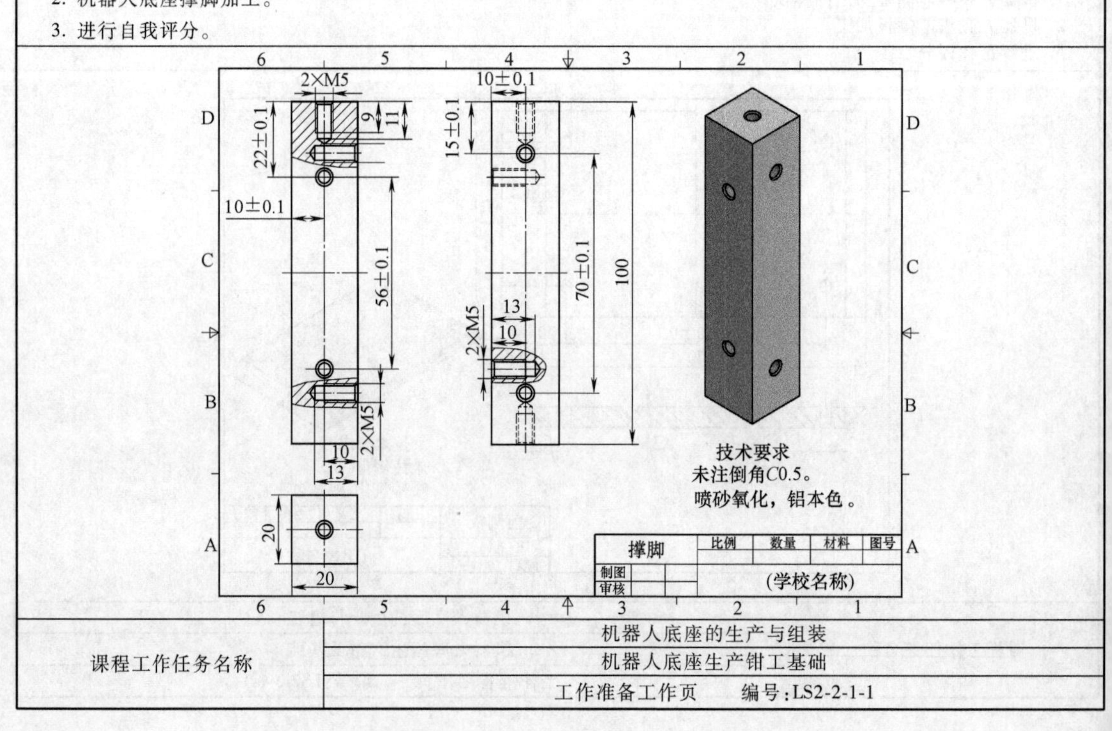	
课程工作任务名称	机器人底座的生产与组装
	机器人底座生产钳工基础
	工作准备工作页　　编号：LS2-2-1-1

子步骤 2：理论知识与操作示范指导练习

学习目标

1. 能够进行钻、锯、锉、磨等操作。
2. 能够使用钳工的各种工具和量具。
3. 能够牢记 8S 生产管理并遵循安全操作规范。
4. 能对工具进行维护与保养。
5. 能够运用教材、手册等，查找相关术语。

建议学时：66 学时。

学习准备

教材、工作页、笔、笔记本、加工设备、操作工具与量具、加工材料。

学习过程

完成本任务，你需要具备以下知识：

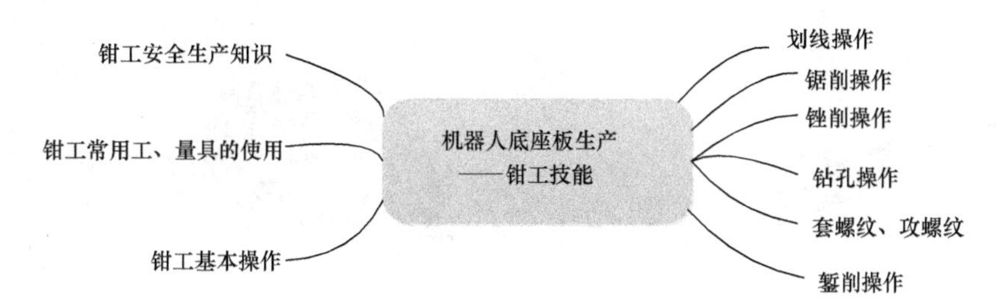

1. 钳工安全规范知识

（1）钳工作业过程的主要风险　请说一说钳工作业过程的主要风险的具体表现有哪些，将你所收集到的信息填入表 2-2。

表 2-2　钳工作业过程的主要风险的具体表现

序号	风险	具体表现
1	机械伤害	
2	起重伤害	
3	高处坠落	
4	触电	
5	物体打击	

（2）安全文明规范

1）请将你所收集到的有关钳工安全文明规范的知识列举在以下空白线处，至少列举 5 条。

____

2）钳工设备的布局：______要放在便于工作和光线适宜的地方，______________一般应安装在场地的边沿，以保证安全；使用的________、______要经常检查，发现损坏应及时上报，在未修复前不得使用。

2. 认识钳工常用工具

（1）划线工具　你能说出图 2-2 中划线工具的名称吗？请将你收集的信息填写在对应图片下方的括号中。

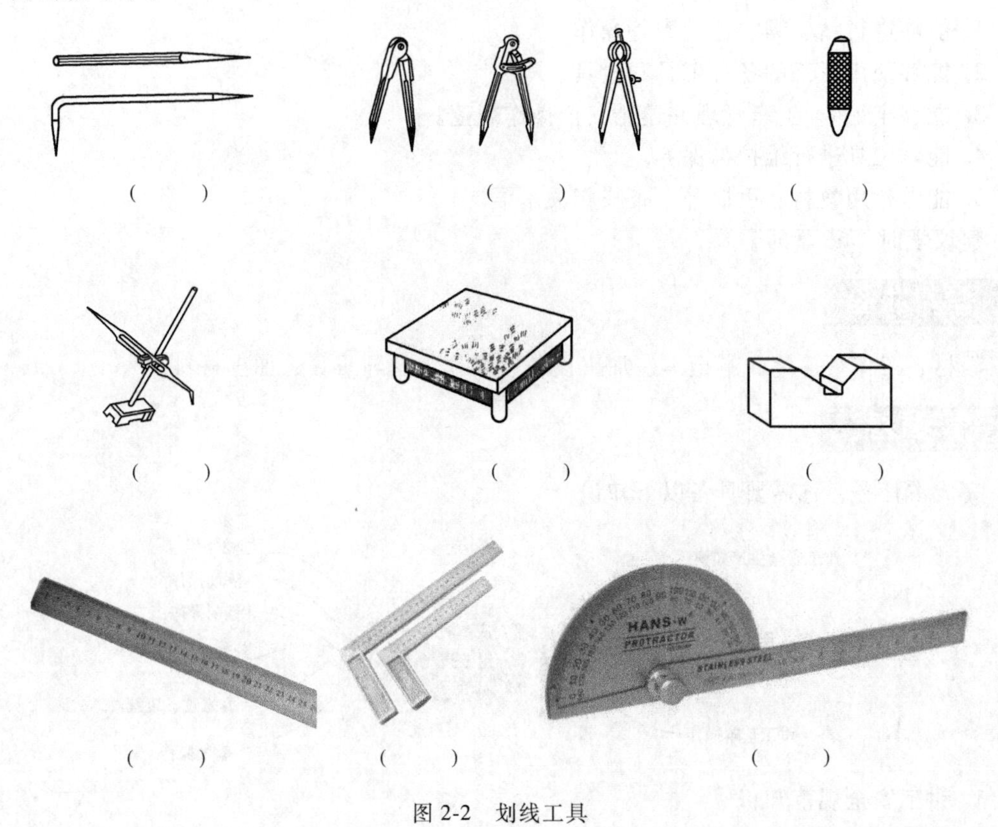

图 2-2　划线工具

（2）錾削工具　你能说出图 2-3 中錾削工具的名称吗？请将你收集的信息填写在对应图片下方的括号中。

1）錾削的主要工具是__________和____________。

2）写出图 2-4 中錾子的结构。

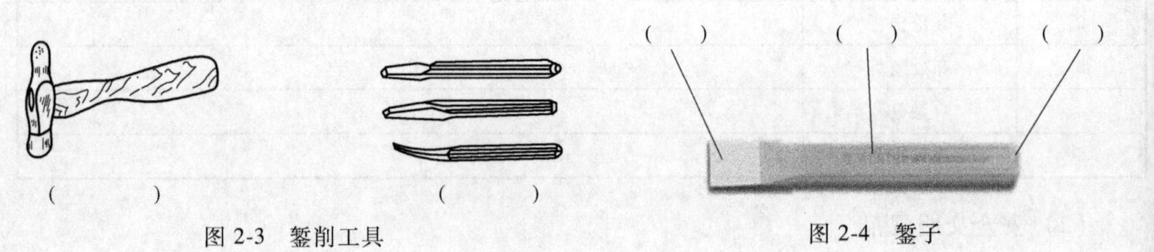

图 2-3　錾削工具　　　　图 2-4　錾子

（3）锯削工具

1）锯削的主要工具是手锯，手锯由________和______两部分组成。____________是锯削时重要的夹持工具，由__________和__________组成。

2）请将图 2-5 中台虎钳的各组成部分的名称填写完整。

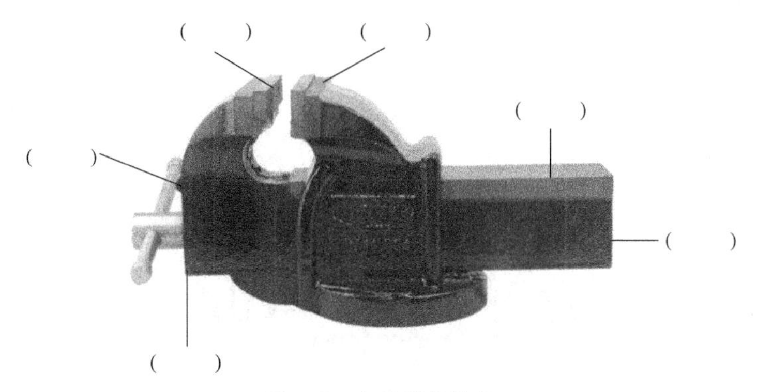

图 2-5　台虎钳的结构

（4）锉削工具

1）请将图 2-6 中锉刀的各组成部分的名称填写完整。

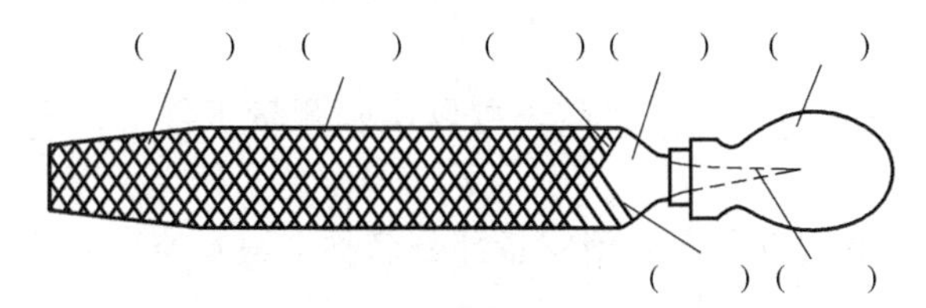

图 2-6　锉刀的构造

2）锉刀的品种很多，其种类、形状见表 2-3，请分别将各种锉刀的名称填写在对应表格中。

表 2-3　锉刀种类及形状

种类	形状	用途
钳工锉		
异形锉		
整形锉		

（5）钻削工具　钻孔设备种类很多，常用的有台式钻床、立式钻床、摇臂钻床和手电钻。请指出图 2-7 中各图片对应的钻孔设备的名称。

（6）攻螺纹工具

1）攻螺纹常用的工具是____________和____________。

2）为了减轻攻螺纹中切削的负担，常用一套丝锥配合完成攻螺纹操作，分别为____、____和____。

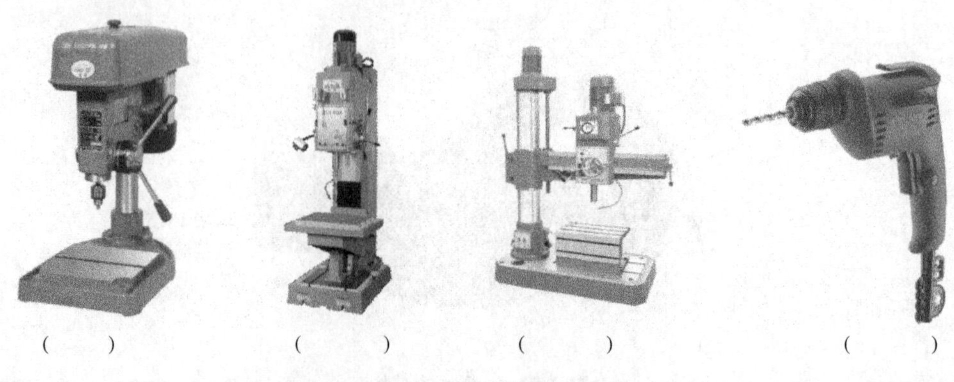

图 2-7　钻孔设备

3. 认识量具

量具类型如图 2-8 所示，请在图中空白处填写各量具名称。

（1）游标卡尺

1）游标卡尺是一种__________量具，可以用来测量工件的______、______、______、______、深度和孔距等。

2）游标卡尺结构如图 2-9 所示，请将各部分名称填写在空白处。

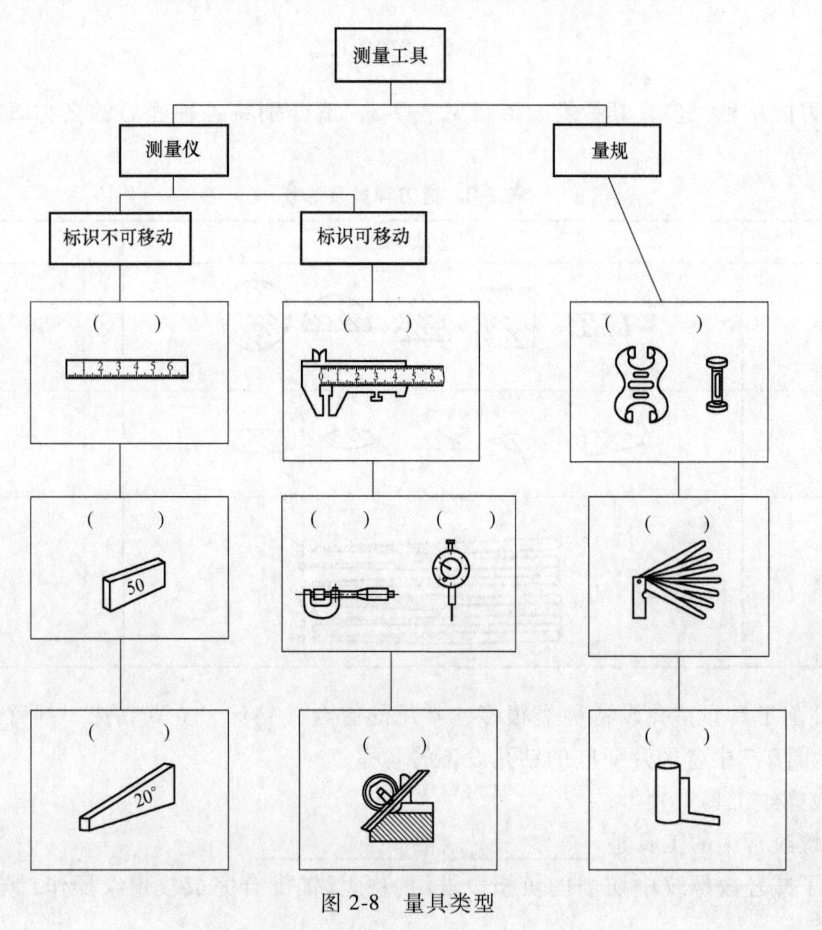

图 2-8　量具类型

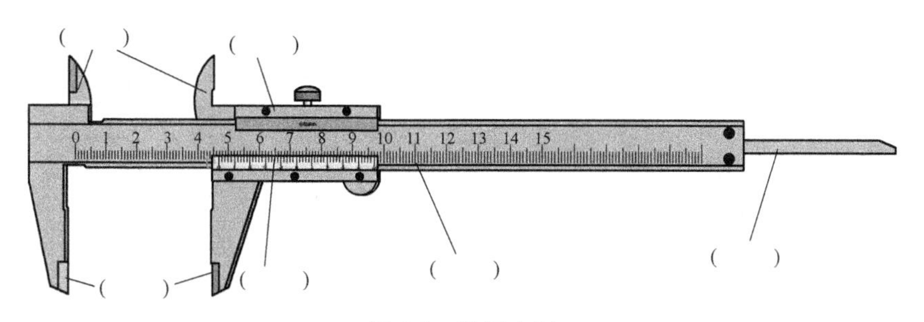

图 2-9　游标卡尺

3）游标卡尺的读数方法（图 2-10）：读数=游标零线______________+游标与尺身重合线数×精度值。示例：

4）请读出图 2-11 中游标卡尺示数，并使用游标卡尺实际测量工件。

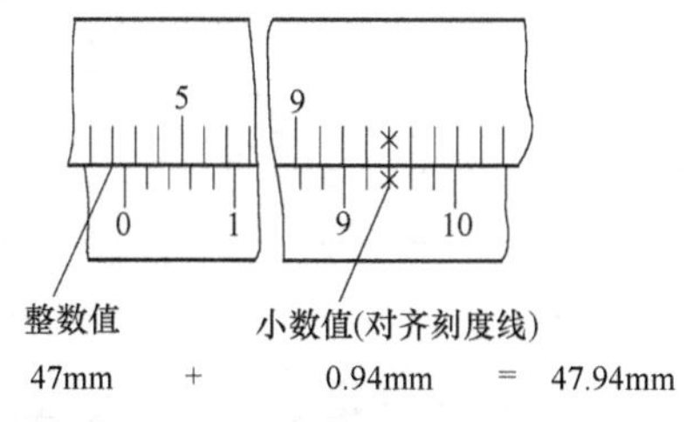

图 2-10　游标卡尺的读数

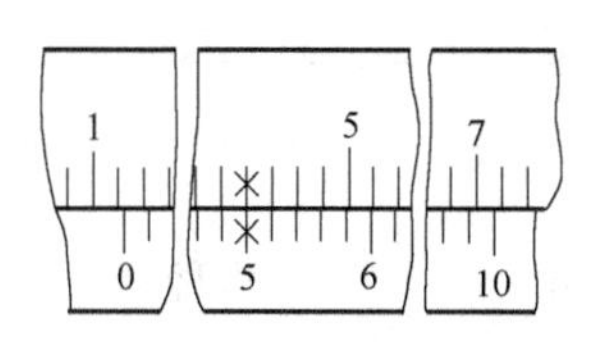

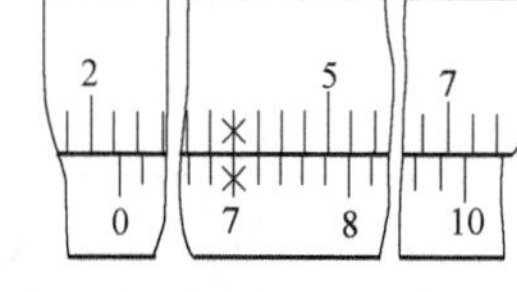

图 2-11　读出游标卡尺读数

（2）千分尺

1）千分尺是生产中常用的精密量具之一，精度比游标卡尺高且更灵敏。千分尺规格按范围分有：0~25mm、________mm、______mm、__________mm、100~125mm 等，使用时按被测工件的尺寸选用。

2）如图 2-12 所示千分尺的结构，请将各组成部分的名称填写在空白处。

3）千分尺测微螺杆的螺距是 0.5mm。当活动套管转动一周，螺杆就移动______mm；活动套管上共有 50 格，当活动套管转一格时，螺杆移动____mm，故千分尺的测量分度值是________mm。

4）千分尺的读数方法（图 2-13）：读数=测微螺杆上的______________________读数（应为 0.5mm 的整数倍）+________________________的格数×0.01。

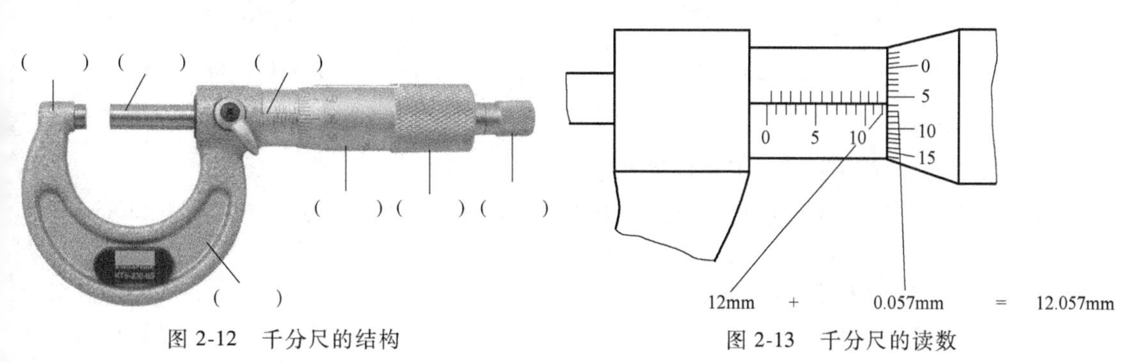

图 2-12　千分尺的结构　　　　图 2-13　千分尺的读数

5）读出图 2-14 所示的千分尺示数，并使用千分尺实际测量工件。

(3) 钳工量具使用注意事项　你能说一说钳工工、量具的安放需要按照哪些要求布置吗？请将你收集的信息填写在以下空白线处。

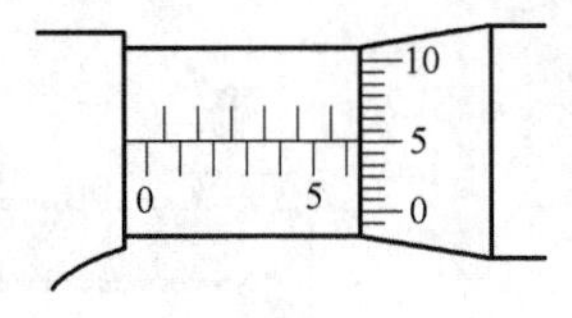

图 2-14　读出千分尺读数

1) 右手取用的工、量具放在______，左手取用的工、量具放在______，各自排列整齐，且不能使其伸到钳台边以外。

2) 量具不能和__________混放在一起，应放在量具盒内或专用搁架上。

3) 常用的工、量具要放在______________。

4) ________收藏时要整齐地放入工具箱内，不应任意堆放，以防损坏和取用不便。

4. 划线

有些零件特别是单件生产的零件在加工前，通常需要对工件进行划线，因此必须掌握一些基本线条的划法。请将划线的作用填写在以下空白处。

1) 划线的作用：____

____

____

____

2) 划线分为__________和__________两种。

3) 划线时支撑、夹持工件的常用工具有V形铁、______、______、角铁、方箱和万能分度头。

(1) 划平行线

1) 参考图 2-15 所示，使用直角尺划平行线。

2) 参考图 2-16 所示，使用划针盘或游标高度卡尺划平行线。

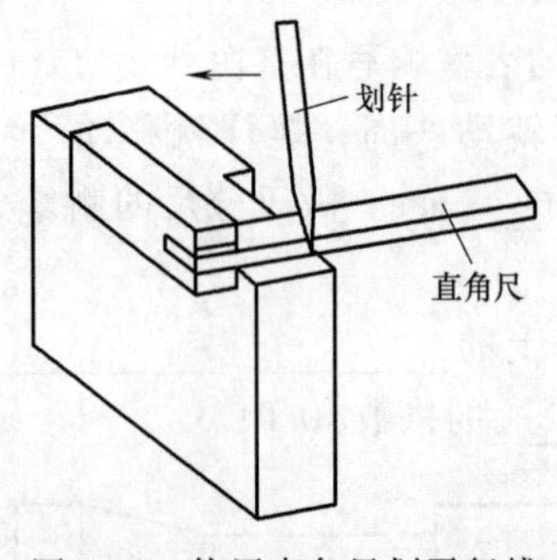

图 2-15　使用直角尺划平行线

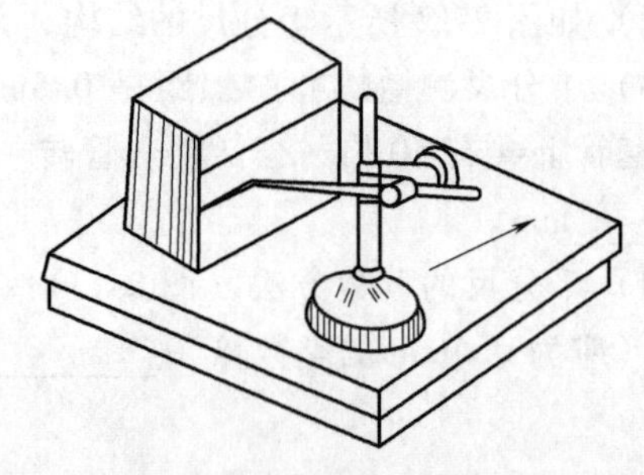

图 2-16　用划针盘划平行线

(2) 划垂直线

1) 参考图 2-17 所示，使用直角尺划垂直线。

2) 参考图 2-18 所示，用作图方法划垂直线，即使用划规以 C 点为中心，以 20mm 为半径划半圆，交 AB 线于 D、E 点，分别以 D、E 为圆心，以 30mm 为半径在同侧划圆弧，两圆弧交于 F 点，连接 CF 线，CF 线即为垂直线。

(3) 划角度线　参考图 2-19 所示，用角度规划角度线。按图样要求的角度调整好角度规，基尺贴在基准线上，沿导向尺划出所需角度线。

(4) 划圆、圆弧、圆的等分线　参考图 2-20 所示，正确使用划规划圆和圆弧练习。

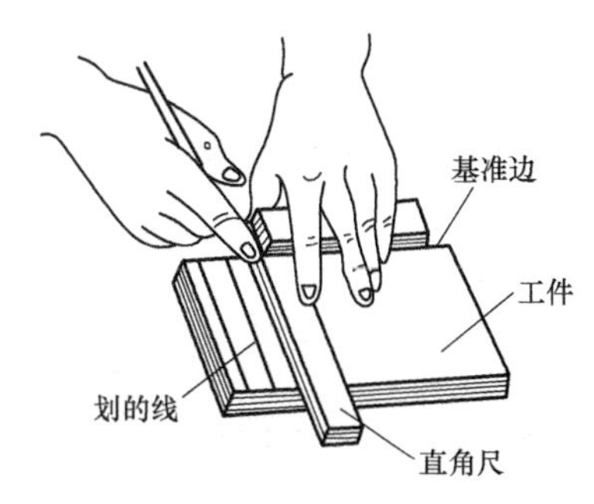

图 2-17　用直角尺划垂直线

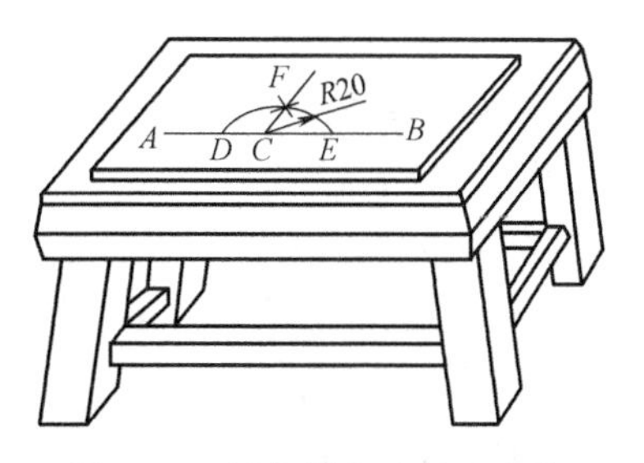

图 2-18　用作图方法划垂直线

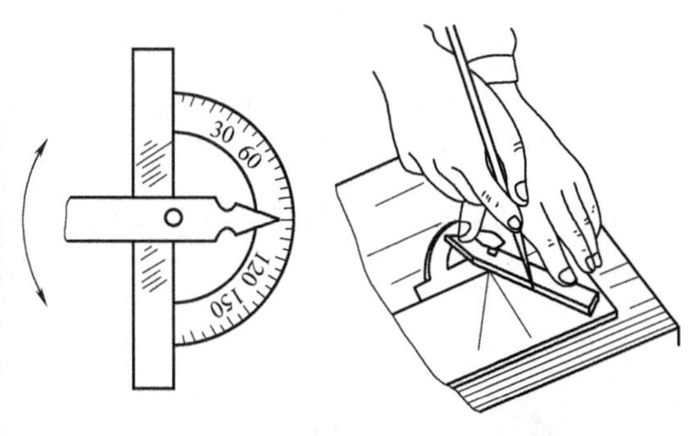

图 2-19　用角度规划角度线

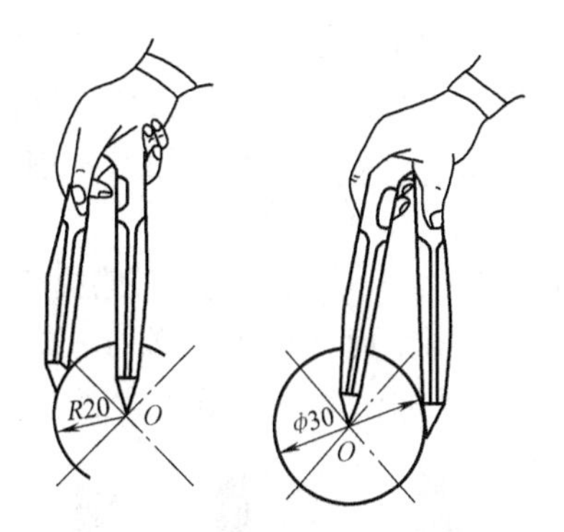

图 2-20　用划规划圆和圆弧

5. 锯削

锯削就是用__________对材料或工件进行切断或切槽等处理的加工方法。

（1）安装锯条与练习握锯

1）安装锯条。在选定锯条之后，进行锯条的安装，主要步骤有以下几个方面。

① 调整锯条的方向，保证锯齿________。

② 调节锯条松紧时，不宜太紧或太松；太紧时，在锯削中用力稍有不当，就会______；太松则锯削时锯条________，也易折断，而且锯出的锯缝容易歪斜。其松紧程度以用手扳动锯条，感觉硬实即可。

③ 锯条安装后，要保证__________与__________平行，否则锯削时锯缝极易歪斜。

2）练习握锯。请参考图 2-21 所示，练习握锯。______满握锯柄，________轻扶锯弓前端。

（2）工件的夹持练习　使用台虎钳进行工件夹持。工件一般应夹持在台虎钳的________，以便操作；工件伸出钳口不应______，防止工件在锯削时产生振动；________要与________保持平行；夹紧要牢靠，同时要避免将工件夹变形和夹坏已加工面。

图 2-21　锯削展示

（3）锯割棒料和板料

1）起锯：________靠住锯条，使锯条能正确地锯在所需要的位置上，行程要____，压力要____，速度要______。起锯角一般选取在______。

2）锯削中要适时注意锯缝的平直情况，及时纠正；锯割完毕，应将锯弓上________适当放松，但不要拆下锯条。

3）当工件快要锯断时，速度要____，压力要______，并用左手扶正将要被锯断落的部分。

6. 锉削

1）锉削多为手动操作，切削速度____，硬度要____，且以________为主。锉齿硬度可达62~67HRC，耐磨性好，但韧性差，热硬性低，性脆易折，锉削速度过快时易钝化。

2）锉削时，身体的重心放在______，______伸直，脚始终站稳不动，靠左膝的屈伸作往复运动。锉的动作由______和______运动合成。

① 开始锉削时身体要向前倾斜____左右，右肘尽可能收缩到后方。

② 锉刀向前推进1/3时，身体前倾到____左右，这时左膝稍弯曲。

③ 锉刀再推进1/3时，身体逐渐倾斜到____左右。

④ 最后________行程，用右手腕将锉刀继续推进，身体随着锉刀的反作用力退回到初始位置。

⑤ 锉削________后，将锉刀略提起一些，把锉刀拉回，准备第二次的锉削，如此反复进行。

（1）锉削平面　平面锉削的方法有：顺向锉削法、__________和____________三种。分别将三种锉削法填写在图2-22的括号中。

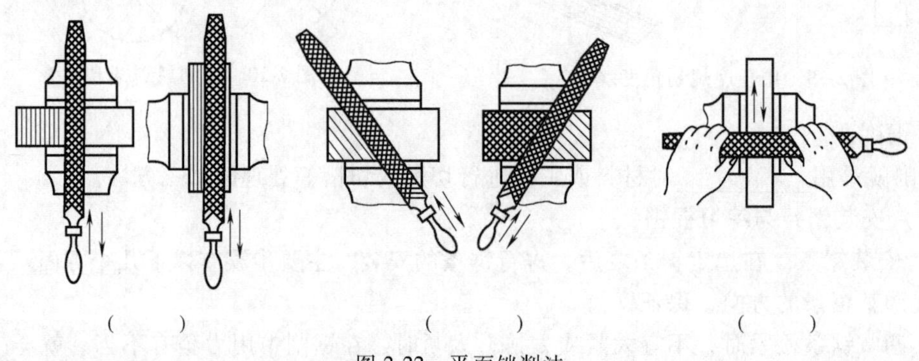

（　　）　　　（　　）　　　（　　）

图2-22　平面锉削法

（2）锉削曲面

1）曲面锉削主要有________和__________两种。________用平锉，________用半圆锉或圆锉。

2）锉削外圆弧面有两种锉削方法，如图2-23所示，图2-23a为________，图2-23b为________。

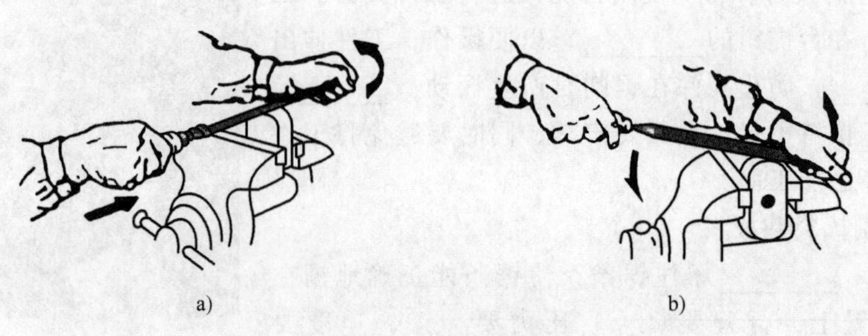

a)　　　b)

图2-23　锉削外圆弧面的方法

3）内圆弧面的锉削，锉刀同时要完成三个运动：__________、____________（约半个到一个锉刀宽度）、__________________（顺时针或逆时针方向转动约 90°）。

7. 钻削

钻削是______的基本方法之一，它在机械加工中占有很大的比重。在钻床上可以完成很多工作，如______、______、________、________、攻螺纹等。

（1）台式钻床的操作

1）台钻的组成结构如图 2-24 所示，请将各部件名称填写在图中空白处。

2）钻头的安装与拆卸：直柄钻头安装时，用钻夹头的钥匙________旋装外套使钻夹头适当松开，将钻头的____放入三个卡爪内，夹持长度不能____15mm，然后用钥匙____旋转外套，使环形螺母带动三只卡爪向内移动，将钻头夹紧。拆卸时，用钻夹头的钥匙旋转外套使卡爪松开，钻头即可卸下。

3）钻夹头的拆卸：钻头从钻夹头内取下后，操作机床使主轴______至钻夹头下端与工作台面上的衬垫保持______左右的距离，然后将镶条插入主轴孔内，锤击镶条，即可卸下。

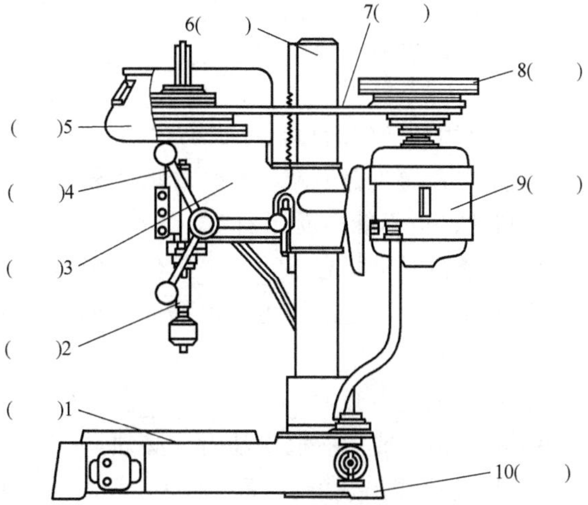

图 2-24　台式钻床结构

（2）标准麻花钻的刃磨

1）刃磨麻花钻的一般要求：

① 根据钻头____和加工工件的______确定合适的刃磨角度，刃磨时要尽量使两个主后刀面光滑，同时保证______、______、__________正确。

② 两条主切削刃刃磨时应______、______，顶角应以钻头轴线平分。

③ 钻头直径大于______，应磨短横刃。

2）刃磨钻头的方法

① 面对砂轮机站位要合适，站在砂轮______。右手在______，握住钻头的头部，左手在______，握住钻头柄部，摆平钻头的主切削刃，使钻头轴线与__________________在水平面内的夹角等于顶角的 1/2。

② 刃磨时，将__________置于砂轮中心等高或稍高处的水平位置，与砂轮接触，以钻头前端支点为圆心，__________缓慢使钻头绕其轴线由下向上转动，施加适当压力；______配合做缓慢同步下压运动，并略带旋转，逐渐增大刃磨压力，并做适当的右移运动，磨出后角。

③ 刃磨过程中，把钻头切削部分向____竖立，两眼平视，观察两主切削刃的____、高低和____的大小。反复观察两主切削刃，如有偏差，进行修磨，不断反复，直至两主切削刃对称。

（3）台钻钻孔练习

1）钻床转速的选择：根据________选择钻头的切削速度。

2）钻孔工件划线：按钻孔位置尺寸要求，划出孔位的＿＿＿＿＿，并打上中心样冲眼，再按孔的＿＿＿划出孔的圆周线，对钻直径较大的孔，还应划出几个大小不等的检查线和大小不等的检查圆，以便钻孔时＿＿和＿＿钻孔位置。

3）工件的装夹：用＿＿＿和＿＿＿＿＿夹持工件，避免将已加工面夹伤，注意要夹正夹紧。

4）钻孔时注意事项：

① 操作钻床时不可＿＿，袖口必须＿＿，女生必须＿＿＿＿。

② 工件必须＿＿＿＿＿，孔将要钻穿时，要尽量＿＿进给力。

③ 开动钻床前，应检查＿＿＿＿＿＿＿＿＿＿＿＿＿＿＿＿＿＿＿＿。

④ 钻孔时不可用＿＿＿和＿＿＿＿或用＿＿来清除切屑，必须用毛刷清除，钻出长条切屑时，要用钩子钩断后再除去。

⑤ 操作者的头部不准与旋转着的主轴靠得＿＿＿，停机时应让主轴＿＿＿＿＿，不可用手进行制动，也不能用反转制动。

⑥ 严禁在开机状态下＿＿＿工件，变速必须在＿＿＿状况下进行。

⑦ 钻孔时，手进给压力应根据钻头的工作情况，以＿＿＿和＿＿＿进行控制，在实习中应注意掌握。

⑧ 钻头用钝后必须＿＿＿＿＿＿。

⑨ 清洁钻床或加注润滑油时，必须＿＿＿电源。

5）钻孔可能出现的问题和原因：孔＿＿规定尺寸；孔＿＿＿；孔位＿＿＿；孔壁粗糙；钻孔呈＿＿＿；切削刃迅速＿＿或＿＿＿；钻头＿＿＿。

8. 攻螺纹、套螺纹

在钳工操作中，手攻螺纹占的比重很大。手攻螺纹包括＿＿＿和＿＿＿。用丝锥在孔的内表面上加工内螺纹称为＿＿＿；用板牙在圆杆的外表面加工外螺纹称为＿＿＿。

练习攻螺纹

1）攻螺纹前，欲攻出螺纹的孔必须经过＿＿＿＿＿＿＿。

2）攻螺纹的流程一般分为五步：①＿＿＿＿＿＿＿＿＿；②＿＿＿＿＿＿＿＿＿＿；③＿＿＿＿＿＿＿＿＿＿；④＿＿＿＿＿＿＿＿＿；⑤＿＿＿＿＿＿＿＿＿。

3）在攻制较小螺纹时，常因操作不当，造成丝锥断在孔内，可以用什么办法取出？

＿＿＿＿＿＿＿＿＿＿＿＿＿＿＿＿＿＿＿＿＿＿＿＿＿＿＿＿＿＿＿＿＿＿＿＿＿＿

＿＿＿＿＿＿＿＿＿＿＿＿＿＿＿＿＿＿＿＿＿＿＿＿＿＿＿＿＿＿＿＿＿＿＿＿＿＿

＿＿＿＿＿＿＿＿＿＿＿＿＿＿＿＿＿＿＿＿＿＿＿＿＿＿＿＿＿＿＿＿＿＿＿＿＿＿

9. 錾削

1）练习錾子的握法、锤子的握法及挥锤方法。

① 握錾时，錾子头部伸出部分约＿＿＿＿mm。

② 挥锤法有三种：＿＿＿＿、＿＿＿＿和＿＿＿＿。说说各种方法的使用环境。

＿＿＿＿＿＿＿＿＿＿＿＿＿＿＿＿＿＿＿＿＿＿＿＿＿＿＿＿＿＿＿＿＿＿＿＿＿＿

＿＿＿＿＿＿＿＿＿＿＿＿＿＿＿＿＿＿＿＿＿＿＿＿＿＿＿＿＿＿＿＿＿＿＿＿＿＿

＿＿＿＿＿＿＿＿＿＿＿＿＿＿＿＿＿＿＿＿＿＿＿＿＿＿＿＿＿＿＿＿＿＿＿＿＿＿

2）进行錾削操作时，应注意哪些安全事项？

____

____

____

____

3）将板料固定在台虎钳上，选用錾子和锤子进行錾削练习。

① 錾削时，板料要按划线与________平齐。

② 用扁錾沿着钳口并斜对着板料（约________角）自右向左錾削。

③ 錾削时，錾子的刃口不能正对着____________。

4）将板料放置在铁砧或平板上，按照图 2-25 的方法使用錾子或锤子进行錾削练习，并完成学习情况评估表。

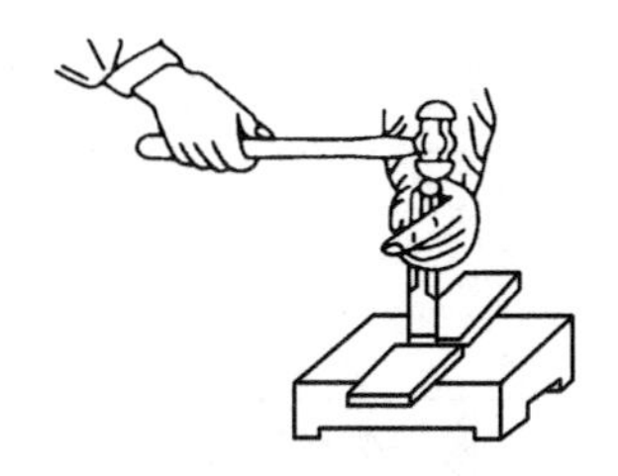

图 2-25　錾削练习

学习情况评估					
序号	评估信息	配分	学生自评	他人评分	教师评分
1	能够遵循安全文明生产规程	5			
2	能够认识钳工工具与钳工量具,并熟练使用	5			
3	能够进行划线操作	5			
4	能够进行锯削操作	5			
5	能够进行锉削操作	4			
6	能够进行錾削操作	4			
7	能够使用台钻进行钻孔,并能攻螺纹	7			
合计		35			
课程工作任务名称	机器人底座的生产与组装				
	机器人底座生产钳工基础				
	信息搜集工作页　　编号:LS2-2-1-1				

学习活动二　制订机器人底座板的加工计划

学习目标

能够按小组分工完成各机器人底座板加工计划表的填写。

建议学时：4 学时。

学习准备

教材、互联网资源、多媒体设备。

学习过程

工作计划见表 2-4。

1. 根据计划表你能从中得到什么信息？

____

____

2. 填写计划表时要注意什么问题？

____

____

3. 填写计划表有何意义？

____

____

表 2-4 工作计划

小组工作计划		
序号	小组成员	负责的工作任务
1		
2		
3		
4		
5		
6		
7		

课程工作任务名称	机器人底座的生产与组装
	机器人底座板的加工
	工作计划工作页 编号：LS2-2-1-3

工件生产工作计划							
加工工件名称：机器人底座板							
序号	工作阶段/步骤	工具/材料清单	负责人	工作安全	质量检验	计划完成时间/min	实际完成时间/min
1	清洁板料	麻布					
2	清除毛坯毛刺	锉刀		避免刺伤			
3	检查毛坯的原始尺寸	钢直尺		避免刺伤			
4	毛坯做标记	数字钢印，锤子		避免錾伤			
5	用划针划出划线	划针、钢直尺、角度规					
6	锉边	锉刀		锉削安全			
7	用划针划出钻孔中心位	划针、钢直尺		注意划针使用	使用工具正确，操作姿势正确		

（续）

序号	工作阶段/步骤	工具/材料清单	负责人	工作安全	质量检验	计划完成时间/min	实际完成时间/min
8	刃磨麻花钻	麻花钻、砂轮		砂轮使用安全，电气安全	文明生产与安全生产		
9	安装麻花钻	钻头、台钻					
10	钻孔	台钻		遵守钻孔安全规程			
11	去除毛刺	锉刀		避免刺伤			
12	整理工位	扫帚、抹布等					
工作计划决策与反馈							
课程工作任务名称	机器人底座的生产与组装						
	机器人底座板的加工						
	工作计划工作页　　编号：LS2-2-1-3						

学习活动三　评估机器人底座板的加工计划

学习目标

1. 能够发现计划中的不足。
2. 能够对计划提出可行的建议。

建议学时：2 学时。

学习准备

教材、互联网资源、多媒体设备。

学习过程

1. 记录本组计划的不足之处。

____

____

2. 记录计划中修改的内容。

____

____

学习活动四　实施机器人底座板的加工

学习目标

1. 能够运用教材、手册等，查找相关术语。
2. 能够正确使用钳工技能完成机器人底座板的加工。

建议学时：42 学时。

学习准备

教材、互联网资源、多媒体设备。

学习过程

根据表 2-5 完成工作实施和检查控制的过程。

表 2-5 工作实施和检查控制表

工作实施/检查控制			
序号	检查项目	检查结果	备注
1	清洁板料		
2	清除毛坯毛刺		
3	检查毛坯的原始尺寸		
4	毛坯做标记		
5	用划针划线		
6	锉边		
7	用划针划出钻孔中心位		
8	刃磨麻花钻		
9	安装麻花钻		
10	钻孔		
11	去除毛刺		
12	整理工位		
课程工作任务名称	机器人底座的生产与组装		
	机器人底座板的加工		
	实施检查工作页　　编号：LS2-2-1-4		

学习活动五　机器人底座板的加工检测

学习目标

能够运用测量工具进行检测。

建议学时：2 学时。

学习准备

教材、互联网资源、零件、测量工具。

学习过程

目视检查评价表见表 2-6。测量评价表见表 2-7。

表 2-6　目视检查评价表

学习领域：			项目：					
任务名称：			小组(　　　)　　个人(　　　)					
组名(姓名)：			学号		工位号		工件号	
班级：			日期：					
序号	姓名	检查项目	检查标准		评分(10-9-7-5-3-0)			
					自评分	他人评分	差异	
1		产品三视图的完整性	目测检查是否完成各部位的绘制					
2		各表面粗糙度	达到图样标注要求					
3		产品加工的完整性	完成加工项目					
合计								

表 2-7　测量评价表

学习领域：			项目：					
任务名称：			小组(　　　)　　个人(　　　)					
组名(姓名)：			学号		工位号		工件号	
班级：			日期：					
序号	姓名	测量项目	测量标准	评分(10 或 0)				
				测量结果	自评分	测量结果	他人评分	差异
1								
2								
3								
4								
5								
6								
7								
合计								

学习活动六　评 价 反 馈

学习目标

1. 能够接受反馈的信息。
2. 能够正确地进行自检。

建议学时：2 学时。

学习准备

教材、互联网资源、多媒体设备。

学习过程

1. 评价

填写完成表 2-8~表 2-10。

表 2-8 学习情况评估

序号	评估项目	配分	学生自评	教师评分	差异
实施过程					
1	划线的线条清晰无重线	5			
2	尺寸及线条的位置公差在 0.3mm 以内	5			
3	锉削姿势、动作正确	7			
4	刃磨麻花钻时,姿势动作正确,钻头几何形状和角度正确	8			
5	孔距、孔径大小能符合图样要求	5			
6	文明生产与安全生产	5			
合计		35			
展示反馈					
1	能够根据工件材料合理选用工具,并正确使用工具加工工件,并使工件达到一定精度	8			
2	能通过 PPT 完整、准确地展示实施过程	3			
3	成果展示及汇报语言表达良好,能展现本组任务的亮点和不足	2			
4	根据现场汇报与答辩结果,反思不足,并能提出改进方法	2			
合计		15			

课程工作任务名称	机器人底座的生产与组装
	机器人底座板的加工
	实施检查工作页　　编号:LS2-2-1-4

表 2-9 任务实施总结报告

班级:		小组名称	
小组成员			
工作起止时间			
工作质量			
预期目标			
实际成效			
工作中最有特色的部分			
工作总结			
工作中最成功的是什么?			
工作过程中存在哪些不足?应做哪些调整?			

（续）

班级：					小组名称		
工作中所遇到的问题与思考？（提出自己的观点和看法）							
自评		□ □		学生签名			
配分		评分		指导教师		日期	
课程工作任务名称		机器人底座的生产与组装					
		机器人底座板的加工					
		实施检查工作页　　编号：LS2-2-1-4					

表 2-10　评价反馈

班级：			小组名称		
小组成员					
评估时间					
评价项目	评价标准	配分	自评分	他人评分	教师评分
信息收集	能够遵循安全文明生产规程 能够认识钳工工具与钳工量具，并熟练使用 能够进行划线操作 能够进行锯削操作 能够进行锉削操作 能够进行錾削操作 能够使用台钻进行钻孔和攻螺纹	35			
实施过程	划线的线条清晰无重线 尺寸及线条的位置公差在 0.3mm 以内 锉削姿势、动作正确 刃磨麻花钻时，姿势动作正确，钻头几何形状和角度正确 钻孔孔距、孔径大小能符合图样要求 能够文明生产与安全生产	35			
展示反馈	能够根据工件材料合理选用工具，并正确使用工具加工工件，并使工件达到一定精度 能通过 PPT 完整、准确地展示实施过程 成果展示及汇报语言表达良好，能展现本组任务的亮点和不足 根据现场汇报与答辩结果，反思不足，并能提出改进方法	15			
安全与8S	配戴好防护用品：女同学要戴帽子，男同学头发长的也要戴帽子	3			
	着装整洁、规范，不穿拖鞋	3			
	钻孔时不准戴手套，不擅自使用不熟悉的工、量具	3			
	清除切屑要用刷子或铁钩子，不要直接用手清除或用嘴吹	3			
	工具摆放应有一定的规律性	3			
合计 合计分数=自评分×15%+他人评分×15%+教师评分×70%		100			

（续）

评价项目	评价标准	配分	自评分	他人评分	教师评分
附注：提问记录					

课程工作任务名称	机器人底座的生产与组装
	机器人底座板的加工
	工作评估工作页　　编号：LS2-2-1-5

2. 在进行这个项目的过程中你有何收获？

3. 如果下次你分配了一个类似的任务你能在什么地方进行改进？

学习任务二　机器人连接轴的加工（普通车床基础技能）

学习目标

1. 能够注写出各轴零件图上的技术要求。
2. 能够口头复述工作任务并明确任务要求。
3. 能够完成机器人连接轴派工单的填写。
4. 能够按小组分工完成机器人连接轴计划表的填写。
5. 能够发现计划中的不足。
6. 能够对计划提出可行的建议。
7. 能够运用教材、手册等，查找相关术语。
8. 能遵守安全文明生产规程，注意车工安全。
9. 熟悉普通车床的结构，并能对其进行保养维护。
10. 能够使用普通车床进行各种零件的加工。

11. 能够牢记 8S 生产管理进行工作并遵循安全操作规范。

12. 能对设备、工具进行维护与保养。

13. 能够接受反馈的信息。

14. 能够正确地进行自检。

15. 能主动获取有效信息，展示工作成果，对学习与工作进行总结反思，能与他人合作，进行有效沟通。

建议学时

40 学时。

工作情境描述

某机器人公司要生产某品牌机器人，设计部已完成该品牌机器人的本体设计，现需要生产样品（6 台）进行测试，该公司负责人了解到我院现有的设备、师资水平、生产能力均能满足该品牌机器人本体的生产，找到我院并将生产样品的任务交予我院。教师给同学们布置了机器人底座部件的加工任务，通过使用钳工、普通车床、铣床设备，根据不同工件、材料正确选择设备和刀具制订加工工艺，完成机器人底座部件的加工任务。现教师为了更好地帮助我们完成加工任务，提出机器人连接轴进行独立的制造，学习普通车床基础技能。

接到任务后，同学们根据学校现有的设备和加工产品的特点，并根据不同工件、材料、选择正确工具、制订工艺流程进行机器人连接轴的加工生产，应用普通车床技能，完成机器人板连接轴的加工任务，遵循 8S 管理。

教学流程与活动

一、获取信息

1. 阅读任务书，明确任务要求

通过“机器人底座连接轴”图纸了解技术要求，根据派工单关键词口头复述工作任务并明确任务要求，完成派工单填写（2 学时）

2. 理论知识

通过对模具学习工作站现场设备的观察和普通车床机电一体的结构单元、运动原理的学习，通过案例分析，正确选用车刀工具（刀具选择、切削用量）、自定心卡盘结构、特点、作用。布置练习，普通车工安全教育（6 学时）

3. 操作示范指导练习

观看视频和现场示范学习普通车工的基本操作（手柄的作用及安全操作方法、工量具的使用、端面、外圆加工等），独立记录各项目的操作步骤和要点，进行普通车床操作练习，并进行操作评估（16 学时）

二、制订机器人连接轴的加工计划（4 学时）

三、评估机器人连接轴的加工计划（2 学时）

四、实施机器人连接轴的加工（6 学时）

五、机器人连接轴的加工检测（2 学时）

六、评价反馈（2 学时）

学习活动一　获 取 信 息

子步骤 1：阅读任务书，明确任务要求

学习目标

1. 能够注写出各轴零件图上的技术要求。
2. 能够口头复述工作任务并明确任务要求。
3. 能够完成机器人连接轴派工单的填写。

建议学时：2 学时。

学习准备

教材、互联网资源、多媒体设备。

学习过程

1. 阅读生产任务单

生产任务单见表 2-11。

表 2-11　生产任务单

<table>
<tr><td colspan="2">需方单位名称</td><td colspan="2"></td><td colspan="2">完成日期</td><td colspan="2">年　月　日</td></tr>
<tr><td>序号</td><td>产品名称</td><td>材料</td><td>数量</td><td colspan="4">技术标准、质量要求</td></tr>
<tr><td>1</td><td>机器人连接轴</td><td>3040 铝</td><td>5 套</td><td colspan="4">按图样要求</td></tr>
<tr><td>2</td><td></td><td></td><td></td><td colspan="4"></td></tr>
<tr><td colspan="2">生产批准时间</td><td>年　月　日</td><td>批准人</td><td></td><td colspan="2"></td><td></td></tr>
<tr><td colspan="2">通知任务时间</td><td>年　月　日</td><td>发单人</td><td></td><td colspan="2"></td><td></td></tr>
<tr><td colspan="2">接单时间</td><td>年　月　日</td><td>接单人</td><td></td><td colspan="2">生产班组</td><td></td></tr>
</table>

2. 人员分工

1）小组负责人：________。

2）小组成员及分工。

姓名	分工

3. 图样分析

在前面的任务学习中，我们了解到机器人的底座由底板、顶板、接线板、前侧板、左右侧板、撑脚等部件组成。那么机器人的这些部件到底都是怎么生产出来的呢？上一个任务我

们学习了钳工技能知识，今天就让我们通过机器人底座连接轴的加工来进一步学习机器人部件的车削加工知识。

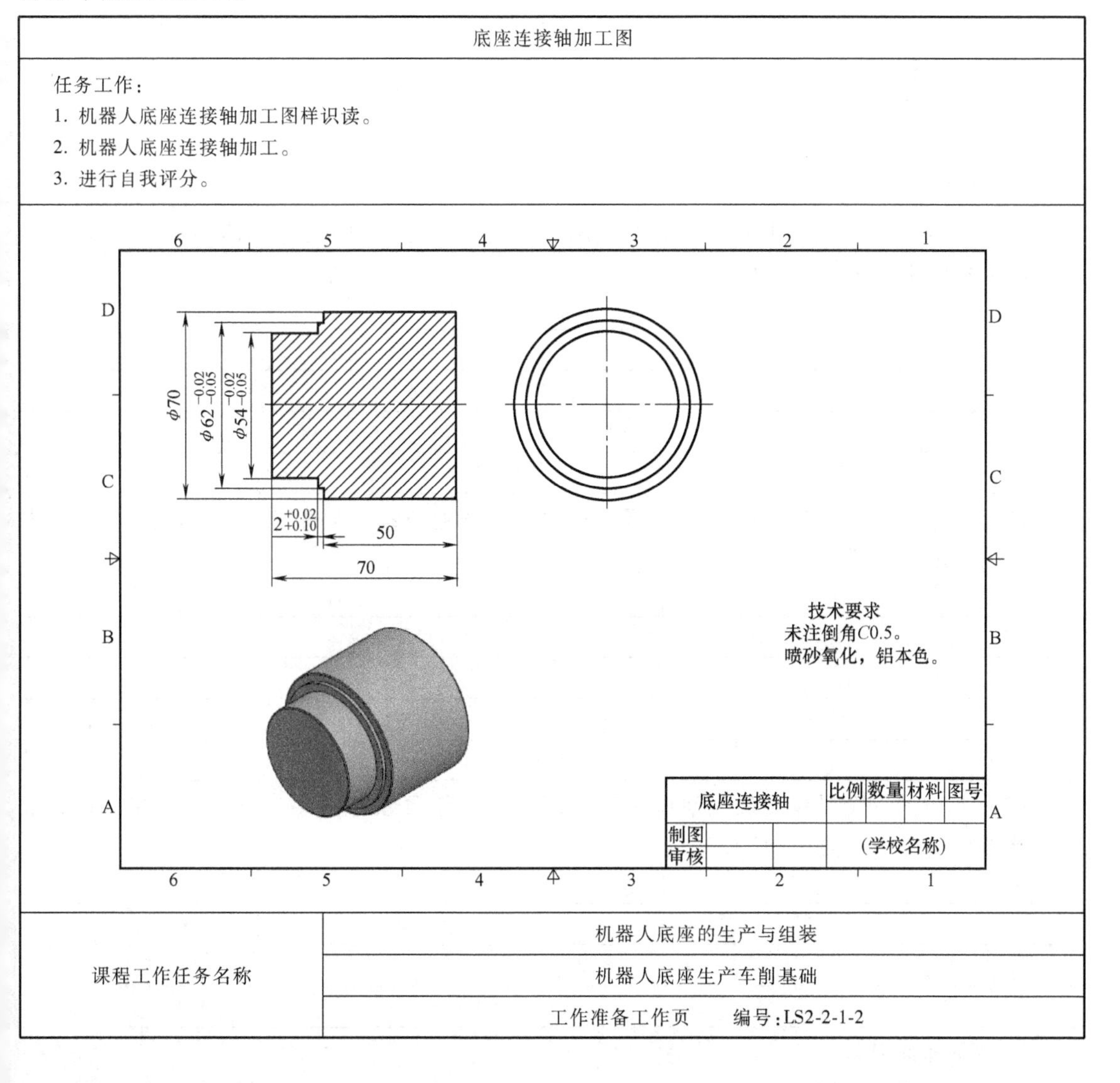

底座连接轴加工图

任务工作：
1. 机器人底座连接轴加工图样识读。
2. 机器人底座连接轴加工。
3. 进行自我评分。

课程工作任务名称	机器人底座的生产与组装
	机器人底座生产车削基础
	工作准备工作页　　编号：LS2-2-1-2

子步骤 2：理论知识与操作示范指导练习

学习目标

1. 能够运用教材、手册等，查找相关术语。
2. 能遵守安全文明生产规程，注意车削安全。
3. 熟悉普通车床的结构，并能对其进行保养维护。
4. 能够使用普通车床进行各种零件的加工。
5. 能够牢记 8S 生产管理进行工作并遵循安全操作规范。
6. 能对设备、工具进行维护与保养。

建设学时：22 学时。

学习准备

教材、工作页、笔、笔记本、加设备、操作工量具、加工材料。

学习过程

完成本任务，你需要具备以下知识：

1. 车工安全规范知识

（1）普通车床机械伤害分析　请说一说在车削作业过程中的机械伤害的主要表现有哪些，将你所收集到的信息填写在下面。

____

____

____

____

（2）车削作业事故的防范措施　请说一说车削作业事故的防范措施有哪些，将你所收集到的信息填写在下面。

____

____

____

____

（3）车削的安全操作要领　请说一说车削安全操作要领有哪些，将你所收集到的信息填写在下面（至少5条以上）。

____

____

____

2. 普通车床基础

（1）车床基本知识

1）车床。车床按其工作原理、结构性能特点和使用范围，可分十二类，即：__________

____

① 车削的加工内容。根据图2-26所示写出具体加工内容：

____

____

____

② 以卧式车床C6132A（图2-27）为例进行介绍。请将车床各部分名称填写在表2-12中。

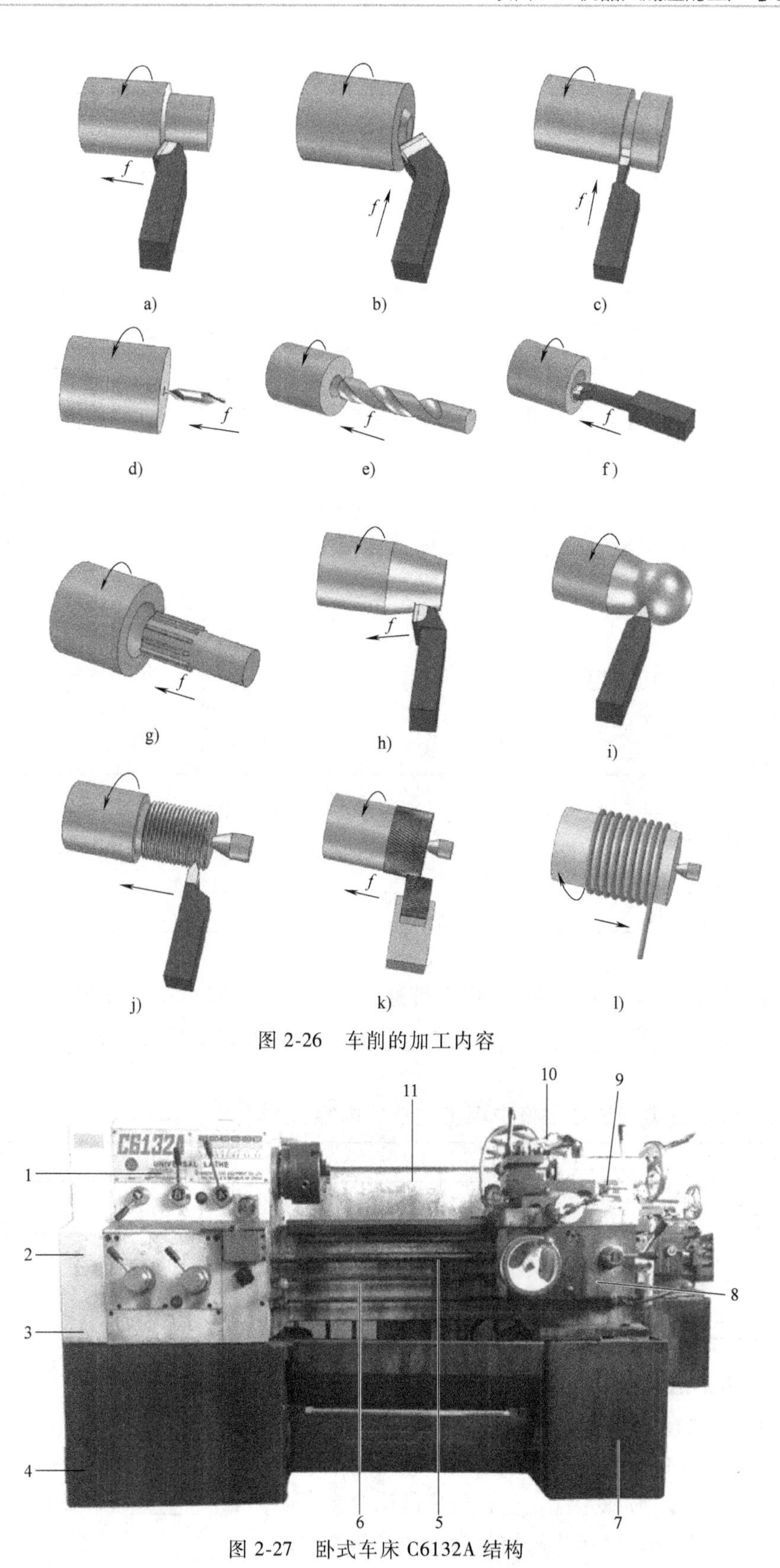

图 2-26　车削的加工内容

图 2-27　卧式车床 C6132A 结构

表 2-12

序号	部件名称	序号	部件名称
1		7	
2		8	
3		9	
4		10	
5		11	
6			

③ 请根据你所收集到的信息，填写车床型号中的字母与数字的含义。

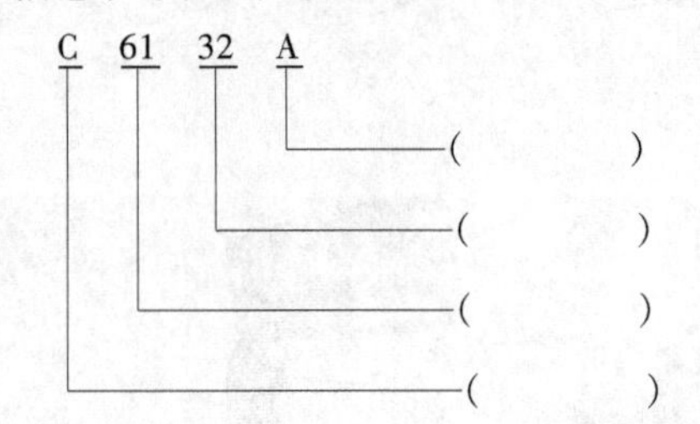

2）车削运动与切削用量。

① 车削运动

主运动：____

____

进给运动：____

____

② 切削用量又称__________，包括__________、__________和__________。分别用________、________、________表示。

3）切削液的使用。在车削过程中合理选择切削液，可减小车削过程中的________和降低________，减小工件的________和表面________，保证加工精度、延长车刀的使用寿命，提高生产率。

① 切削液的分类。请在表格中填出空缺的内容。

切削液的种类	成分	特点	主要作用	备注
乳化液		比热大、黏度小、传热性好	冷却	切削液主要作用是冷却和润滑，还有清洗和防锈的作用。
切削油		比热较小、黏度大、散热效果较差	润滑	

② 切削液的选用

粗加工时切削热量多，应选择以________的乳化液。

精加工主要是保证工件的精度和表面质量，应选用以________的切削油。

使用高速钢车刀时应________；使用硬质合金车刀一般________，如用切削液必须一开始就连续充分地浇注，以防止硬质合金刀片产生裂纹。

加工脆性材料时，一般不加切削液，要加注________。

加工有色金属时，要选择____________________________或____________________。切削镁合金时为防止起火，不应加切削液或使用压缩空气进行冷却。

（2）车床基本操作　车床的基本操作主要包括______________、____________、____________、__________。

1）主轴箱的变速操作。

① 主轴变速操作：________________________________

左手拨动_____________，右手同时拨动_____________，当拨到需要的档位后，右手会感到拨动卡盘的力突然加重。此时左手再转换______________到相应的颜色得出转速。

② 主轴空档操作：确认上一步操作完成并得到相应转速后，进行空档操作。左手分别拨动变速手柄 A 或 B 处于__________，如果拨动变速手柄有阻力，右手应____________。

2）车床起停操作

① 起动车床前检查主轴箱两个变速手柄 A、B 是否_____________。

② 操纵杆是否__________。操纵杆处于中间位置的车床，主轴则为____________。

③ 图 2-28a 为车床切削液的开关，此时状态为__________________；图 2-28b 为电源总开关和车床电源总开关，状态为__________________；图 2-28c 车床照明开关，此时状态为_____________。

a)　　b)　　c)

图 2-28　主轴箱的开关

④ 按要求拨动主轴箱正面左下角的手柄处于空档位置并拨动主轴箱变速手柄，调整主轴转速。

⑤ 向上提起操纵杆手柄起动车床主轴正转，拨动操纵杆手柄停止，再向下压下操纵杆手柄，起动车床主轴反转，最后拨动操纵杆手柄回到中间位置停止车床，主轴停止。

3）进给箱和交换齿轮箱的操作。交换齿轮箱内有两组______________，可以左右滑移与中间固定齿轮啮合得到不同的______________。配合进给箱得到不同的进给量。

4）溜板箱的组成（见图 2-29）。溜板箱各部位的名称：1. __________________2. _________________3. ______________4. _______________5. ______________。床鞍的移动为__________；中滑板的移动为__________；小滑板可以顺时针和逆时针旋转并短距离移动。在移动床鞍、中滑板和小滑板时，靠近卡盘的方向为________方向，离开卡盘的方向为__________方向。

图 2-29　溜板箱的组成

5）操作注意事项。

① 当主轴转动时，若光杠不转，则可能是__________。

② 转动中滑板、小滑板手柄时，由于丝杠与螺母之间的配合存在间隙，会产生空行程，即____________。

（3）车床的润滑与保养

1）车床的润滑。请简述车床各个部位的润滑方式。

主轴箱：____

____

进给箱、溜板箱：____

____

交换齿轮箱：____

____

车床导轨：____

____

其他部分：____

2）车床的维护与保养。作为车工不仅要会操纵车床，还要爱护和保养车床。为保证其精度和使用寿命，必须对车床进行合理的维护保养。

车床的日保养：____

____

车床的周保养：____

____

一级保养：____

____

练一练

（1）床鞍、中滑板和小滑板的摇动练习　掌握消除刻度盘空行程的方法。

使用刻度盘时，由于丝杠与螺母之间的配合存在间隙，会产生刻度盘转动而______的现象。使用刻度盘时，当将刻线转到所需要的格数而超过时，必须向相反方向退回全部空行程，然后再转到需要的格数，____________________________。

操作注意事项：中滑板刻度的进刀量应是工件________________________。

（2）车床的起动和停止练习

① 车床起动前要检查________________________是否正确，然后接通电源。

② 练习主轴箱和进给箱的变速，主轴要变速时，________________________；进给箱变速时，________________________。

③ 调整________________________的位置，进行机动进给练习，注意行程。

操作注意事项：

① 车床运转时，如有异常声音必须立即切断电源。

② 车床加工前，需要__________________________，保证润滑到位才能进行车削加工。

（3）自定心卡盘三爪的拆装练习（图 2-30）

① 用______________________将卡爪卸下，擦洗干净，按顺序排放。

② 按顺序依次将三爪再重新装上，保证__________________________。

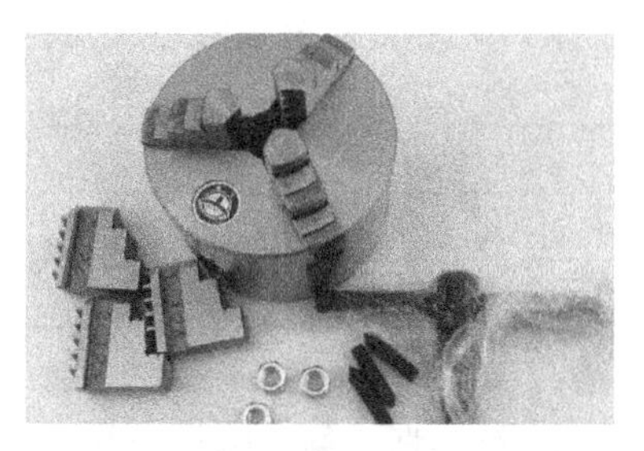

图 2-30　自定心卡盘三爪的拆装练习

3. 加工刀具

（1）常用车刀的种类、用途及切削运动

1）常用车刀的种类、用途：图 3-31a 为 90°车刀，图 3-31b 为 45°车刀，图 3-31c 为切断刀，图 3-31d 为内孔车刀，图 3-31e 为成形车刀，图 3-31f 为螺纹车刀，图 3-31g 为硬质合金机械夹固式可转位车刀。

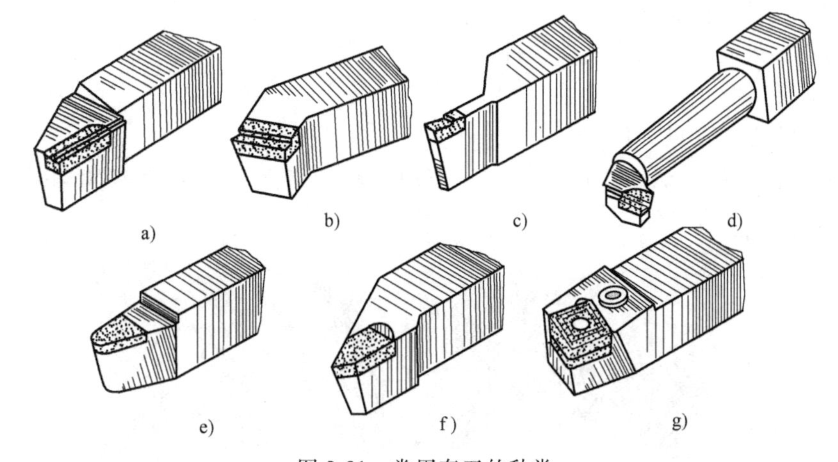

图 2-31　常用车刀的种类

各种车刀的用途有：车外圆、车端面、切断、车内孔、车成形面、车螺纹等，如图 2-32 所示。

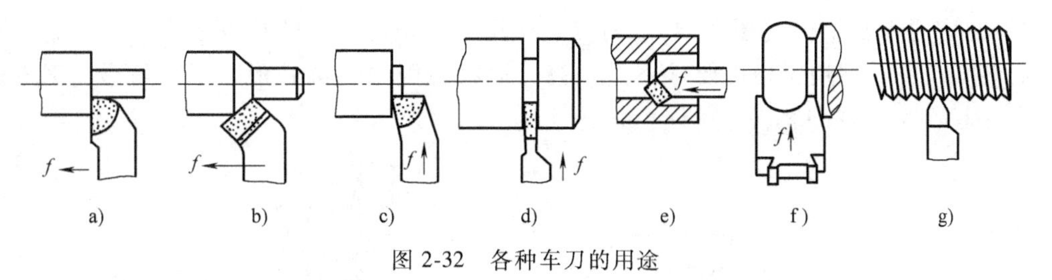

图 2-32　各种车刀的用途

2）车削运动。车削运动可分为____________和____________两种。车刀切削工件时，使工件上形成____________、____________和____________。

（2）刀具材料

1）车刀切削部分具备的基本性能有______________________________。

2）车刀切削部分的常用材料。车刀切削部分的常用材料有________和________两大类。

（3）刀具刃磨

1）车刀的刃磨一般有________和________两种。

以 90°硬质合金外圆右偏刀为刃磨任务写出刃磨的步骤：

____

____

____

____

2）安全知识。

① 磨刀时，戴好防护眼镜，操作者应避免正对砂轮，而应站在砂轮的侧面。这样可防止砂粒飞入眼内或万一砂轮碎裂飞出击伤。如果砂粒飞入眼中，不能用手去擦，应立即去保健室清除。

② 磨刀时不能用力过猛，以免由于打滑而磨伤手。

③ 砂轮必须装有防护罩。

④ 磨刀用的砂轮，不能磨其他物件。

4. 工件装夹、找正

（1）卡盘结构、特点、作用

1）单动卡盘结构（图 2-33）、特点、作用。单动卡盘的优点是夹紧力较大，适用于____________________的工件。

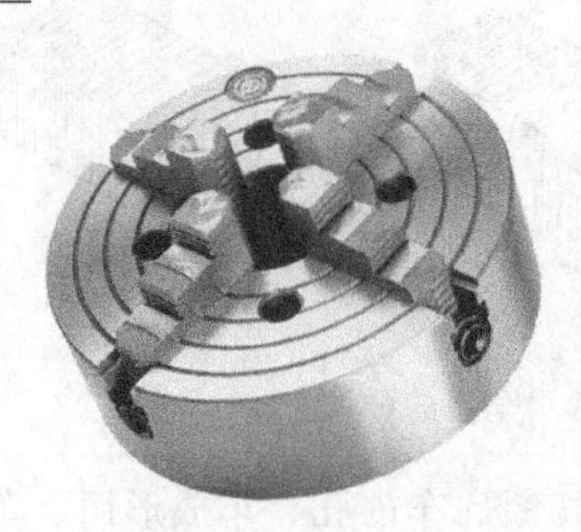

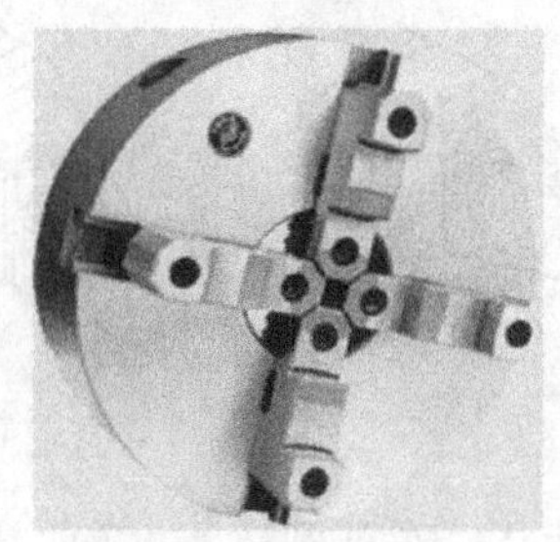

图 2-33 单动卡盘

2）自定心卡盘结构（图 2-34）、特点、作用 自定心卡盘的特点是__________，实现自动定心装夹工件，适用于精度要求不是很高，形状规则（如圆柱形、正三角形、正六边形等）的中、小型工件的装夹。

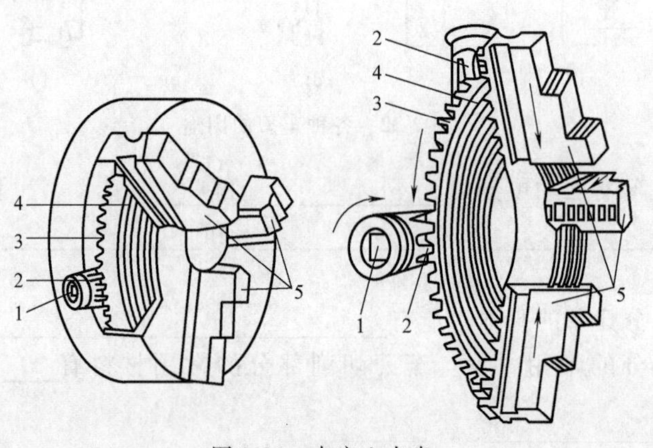

图 2-34 自定心卡盘

写出各个部位的名称：________________

（2）自定心卡盘零部件的拆卸

1）拆卸步骤。

1）拆下卡爪：将卡盘扳手插入卡盘方孔，逆时针旋转卡盘扳手，将卡爪拆下。

2）根据卡爪（图 2-35）背面螺纹牙数的多少，最多的为____卡爪，最少的为____卡爪。

3）松去三个________，取出三个________，然后松去三个______，取出 5 个______。

图 2-35　卡爪

4）整理好所有的零部件，摆放整齐。

安装步骤：________________

____

____

____

（3）工件校正的目的、意义

没有找正的工件在进行车削时会产生下列几种情况：

____

____

____

____

（4）校正轴类工件

1）在自定心卡盘上装夹校正轴类工件。

① 校正工具（图 3-36）有以下几种：

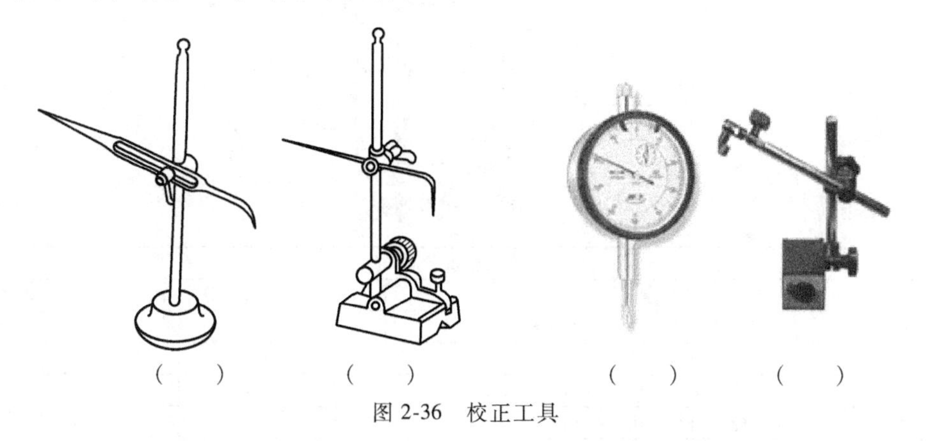

（　）　（　）　（　）　（　）

图 2-36　校正工具

② 校正操作步骤如下：

a——________________

b——________________

c——________________

d——________________

2）在单动卡盘上装夹校正轴类工件。由于是单动卡盘，装夹后工件的轴线与车床主轴回转中心偏差非常大，通常要找正外圆柱面上的____________。

具体操作步骤：

____

____

____

____

5. 车工参数设定

切削用量是表示主运动及进给运动大小的参数。它包括____________________三要素。

练一练

1. 按照图样（图 2-37）要求，车外圆和端面。

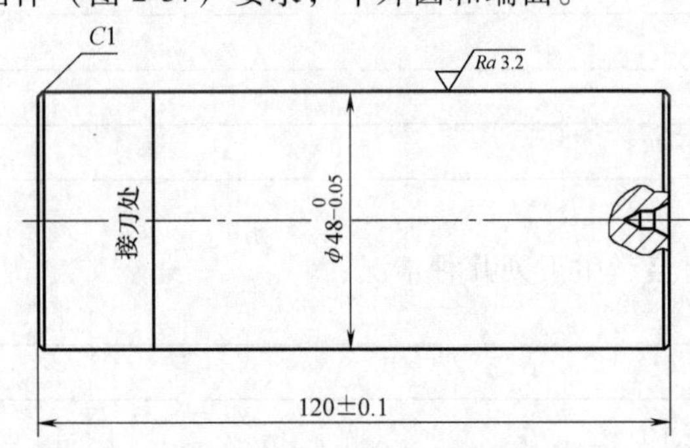

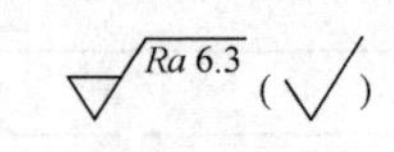

图 2-37　车外圆和端面

2. 根据图样（图 2-38）要求，车台阶轴。

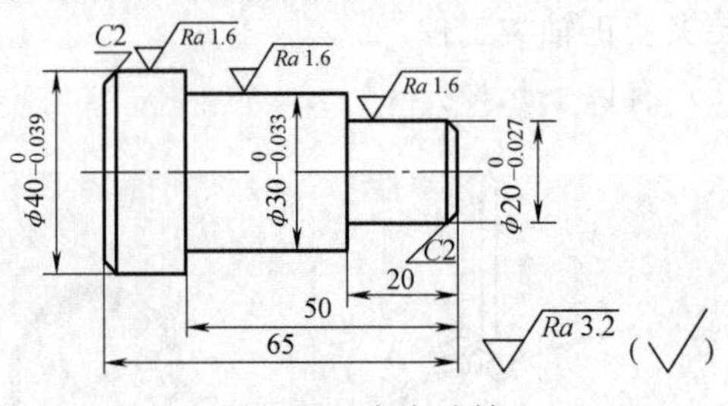

图 2-38　车台阶轴

学习情况评估					
序号	评估信息	配分	自评分	他人评分	教师评分
1	能够遵循安全文明生产规程	5			
2	能够认识普通车床	5			
3	能够根据需求选择车刀	5			
4	能够进行车削外圆柱面	5			
5	能够进行车削端面	5			
6	能够进行车削台阶轴	5			
7	能正确装夹和校正工件	5			
合计		35			
课程工作任务名称	机器人底座的生产与组装				
	机器人底座连接轴的加工				
	信息搜集工作页　　编号：LS2-2-2-2				

学习活动二　制订机器人连接轴的加工计划

学习目标

能够按小组分工完成各机器人连接轴加工计划表的填写。
建议学时：4 学时。

学习准备

教材、互联网资源、多媒体设备。

学习过程

工作计划表见表 2-13。

表 2-13　工作计划

<table>
<tr><td colspan="9">小组工作计划</td></tr>
<tr><td>序号</td><td colspan="2">小组成员名称</td><td colspan="6">负责的工作任务</td></tr>
<tr><td>1</td><td colspan="2"></td><td colspan="6"></td></tr>
<tr><td>2</td><td colspan="2"></td><td colspan="6"></td></tr>
<tr><td>3</td><td colspan="2"></td><td colspan="6"></td></tr>
<tr><td>4</td><td colspan="2"></td><td colspan="6"></td></tr>
<tr><td>5</td><td colspan="2"></td><td colspan="6"></td></tr>
<tr><td>6</td><td colspan="2"></td><td colspan="6"></td></tr>
<tr><td>7</td><td colspan="2"></td><td colspan="6"></td></tr>
<tr><td colspan="2" rowspan="3">课程工作任务名称</td><td colspan="7">机器人底座的生产与组装</td></tr>
<tr><td colspan="7">机器人连接轴的加工</td></tr>
<tr><td colspan="7">工作计划工作页　　编号:LS2-2-2-3</td></tr>
<tr><td colspan="9">工件生产工作计划</td></tr>
<tr><td colspan="9">加工工件名称:机器人连接轴</td></tr>
<tr><td>序号</td><td>工作阶段/步骤</td><td>工具/材料清单</td><td>负责人</td><td>工作安全</td><td>质量检验</td><td>计划完成时间</td><td>实际完成时间</td><td></td></tr>
<tr><td>1</td><td></td><td></td><td></td><td></td><td></td><td></td><td></td><td></td></tr>
<tr><td>2</td><td></td><td></td><td></td><td></td><td></td><td></td><td></td><td></td></tr>
<tr><td>3</td><td></td><td></td><td></td><td></td><td></td><td></td><td></td><td></td></tr>
<tr><td>4</td><td></td><td></td><td></td><td></td><td></td><td></td><td></td><td></td></tr>
<tr><td>5</td><td></td><td></td><td></td><td></td><td></td><td></td><td></td><td></td></tr>
<tr><td>6</td><td></td><td></td><td></td><td></td><td></td><td></td><td></td><td></td></tr>
<tr><td>7</td><td></td><td></td><td></td><td></td><td></td><td></td><td></td><td></td></tr>
<tr><td colspan="9">工作计划决策与反馈</td></tr>
<tr><td colspan="2" rowspan="3">课程工作任务名称</td><td colspan="7">机器人底座的生产与组装</td></tr>
<tr><td colspan="7">机器人连接轴的加工</td></tr>
<tr><td colspan="7">工作计划工作页　　编号:LS2-2-2-3</td></tr>
</table>

1. 根据计划表你能从中得到什么信息？

2. 填写计划表时要注意什么问题？

3. 填写计划表有何意义？

学习活动三　评估机器人连接轴的加工计划

学习目标

1. 能够发现计划中的不足。
2. 能够对计划提出可行的建议。

建议学时：2 学时。

学习准备

教材、互联网资源、多媒体设备。

学习过程

1. 记录本组计划的不足之处。

2. 记录计划中修改的内容。

学习活动四　实施机器人连接轴的加工

学习目标

1. 能够运用教材、手册等，查找相关术语。
2. 能够正确使用普通车床完成机器人连接轴的加工。

建议学时：20 学时。

学习准备

教材、互联网资源、多媒体设备。

学习过程

根据表 2-14 完成实施检查过程和学习情况评估。

表 2-14　实施检查和学习情况评估

实施检查			
序号	检查项目	检查结果	备注
1			
2			
3			
4			
5			
6			
7			
8			
9			
10			
11			

学习活动五　机器人连接轴的加工检测

学习目标

能够运用测量工具进行检测。

建议学时：2 学时。

学习准备

教材、互联网资源、零件、多媒体设备。

学习过程

目视检查评价表见表 2-15，测量评价表见表 2-16。

表 2-15　目视检查评价表

学习领域：			项目：						
任务名称：			小组(　　)　个人(　　)						
组名(姓名)：			学号		工位号		工件号		
班级：			日期：						
序号	姓名	检查项目	检查标准		评分(10-9-7-5-3-0)				
					自评分		他人评分		差异
1		产品的完整性	目测检查是否完成各部位的绘制						
2		各表面粗糙度	达到图样标注要求						
3		产品的完整性	完成加工项目						
合计									

表 2-16　测量评价表

学习领域：			项目：					
任务名称：			小组(　　)　个人(　　)					
组名(姓名)：			学号		工位号		工件号	
班级：			日期：					
序号	姓名	测量项目	测量标准	评分(10 或 0)				
				测量结果	自评分	测量结果	他人评分	差异
1								
2								
3								
4								
5								
6								
7								
合计								

学习活动六　评价反馈

学习目标

1. 能够接受反馈的信息。
2. 能够正确地进行自检。

建议学时：2 学时。

学习准备

教材、互联网资源、多媒体设备。

学习过程

1. 评价

完成表 2-17～表 2-20。

表 2-17　学习情况评估（一）

序号	评估项目	配分	学生自评	教师评分
实施过程				
1	车床操作无误	6		
2	车刀与工件装夹规范	7		
3	车削部件符合图样要求	10		
4	车削部件表面光滑无毛刺	6		
5	文明生产与安全生产	6		
合计		35		
展示反馈				
1	能够根据工件材料合理选用工具，并正确使用工具加工工件，并使工件达到一定精度	8		
2	能通过 PPT 完整、准确地展示实施过程	3		
3	成果展示及汇报语言表达良好，能展现本组任务的亮点和不足	2		
4	根据现场汇报与答辩结果，反思不足，并能提出改进方法	2		
合计		15		
课程工作任务名称	机器人底座的生产与组装			
	机器人连接轴的加工			
	实施检查工作页　　编号：LS2-2-2-4			

表 2-18　学习情况评估（二）

序号	评价项目	效率性														
		学生自评					小组评价					教师评价				
		1	2	3	4	5	1	2	3	4	5	1	2	3	4	5
1.1	主动性															
1.2	创造力															
1.3	规划组织力															
1.4	细节关注度															
1.5	领导力															
2.1	合理性															
2.2	可行性															
2.3	规范性															
2.4	时限性															
总评估																
评分标准：1. 未表现　2. 较少表现　3. 充分表现　4. 频繁表现　5. 一直表现																
课程工作任务名称		机器人底座的生产与组装														
		机器人连接轴的加工														
		工作计划工作页　　编号：LS2-2-2-3														

表 2-19 任务实施总结报告

<table>
<tr><td colspan="2">班级</td><td colspan="3"></td><td colspan="2">小组名称</td><td></td></tr>
<tr><td colspan="2">小组成员</td><td colspan="6"></td></tr>
<tr><td colspan="2">工作起止时间</td><td colspan="6"></td></tr>
<tr><td colspan="2">工作质量</td><td colspan="6"></td></tr>
<tr><td colspan="2">预期目标</td><td colspan="6"></td></tr>
<tr><td colspan="2">实际成效</td><td colspan="6"></td></tr>
<tr><td colspan="2">工作中最有特色的部分</td><td colspan="6"></td></tr>
<tr><td colspan="2">工作总结</td><td colspan="6"></td></tr>
<tr><td colspan="2">工作中最成功的是什么？</td><td colspan="6"></td></tr>
<tr><td colspan="2">工作过程中存在哪些不足？
应做哪些调整？</td><td colspan="6"></td></tr>
<tr><td colspan="2">工作中所遇到的问题与思考？
（提出自己的观点和看法）</td><td colspan="6"></td></tr>
<tr><td colspan="2">自评</td><td colspan="2">□ ☺ □ ☹</td><td colspan="2">学生签名</td><td colspan="2"></td></tr>
<tr><td>配分</td><td></td><td>评分</td><td></td><td>指导教师</td><td></td><td>日期</td><td></td></tr>
<tr><td colspan="2" rowspan="3">课程工作任务名称</td><td colspan="6">机器人底座的生产与组装</td></tr>
<tr><td colspan="6">机器人连接轴的加工</td></tr>
<tr><td colspan="6">实施检查工作页 编号：LS2-2-1-4</td></tr>
</table>

表 2-20 评价反馈

<table>
<tr><td colspan="2">班级</td><td colspan="2"></td><td>小组名称</td><td></td></tr>
<tr><td colspan="2">小组成员</td><td colspan="4"></td></tr>
<tr><td colspan="2">评估时间</td><td colspan="4"></td></tr>
<tr><td>评价项目</td><td>评价标准</td><td>配分</td><td>自评分</td><td>他人评分</td><td>教师评分</td></tr>
<tr><td>信息收集</td><td>能够遵循安全文明生产规程
能够认识普通车床
能够根据需求选择刀具
能够车削外圆柱面
能够车削端面
能够车削台阶轴
能正确装夹和校正工件</td><td>35</td><td></td><td></td><td></td></tr>
<tr><td>计划决策</td><td></td><td></td><td></td><td></td><td></td></tr>
<tr><td>实施过程</td><td>车床操作无误
车刀与物料装夹规范
车削部件符合图样要求
车削部件表面光滑无毛刺
文明生产与安全生产</td><td>35</td><td></td><td></td><td></td></tr>
</table>

（续）

评价项目	评价标准	配分	自评分	他人评分	教师评分
展示反馈	能够根据工件材料合理选用工具，并正确使用工具加工工件，并使工件达到一定精度 能通过 PPT 完整、准确地展示实施过程 成果展示及汇报语言表达良好，能展现本组任务的亮点和不足 根据现场汇报与答辩结果，反思不足，并能提出改进方法	15			
安全与 8S	配戴好防护用品：女同学要戴帽子，男同学头发长的也要戴帽子	3			
	着装整洁、规范，不穿拖鞋	3			
	车削时不准戴手套，不擅自使用不熟悉的工量具	3			
	清除切屑要用刷子或用铁钩子、不要直接用手清除或用嘴吹	3			
	工具摆放应有一定的规律性	3			
合计 合计分数 = 自评分×15%+他评分×15%+教师评分×70%		100			
附注：提问记录					

课程工作任务名称	机器人底座的生产与组装
	机器人底座生产车工操作
	工作评估工作页　　编号：LS2-2-2-5

2. 在进行这个项目的过程中你有何收获？

3. 如果下次你分配了一个类似的任务你能在什么地方进行改进？

学习任务三　机器人 1 轴限位挡块的加工（普通铣床基础技能）

学习目标

1. 能够注写出限位挡块零件图上的技术要求。

2. 能够口头复述工作任务并明确任务要求。
3. 能够明确车间的安全防护知识。
4. 能够描述铣床的分类。
5. 能够描述铣床的结构。
6. 能够描述铣刀的分类。
7. 能够正确安装铣刀。
8. 能够正确操作铣床。
9. 能够正确完成1轴限位挡块的加工计划表的填写。
10. 能够发现计划中的不足。
11. 能够对计划提出可行的建议。
12. 能够运用教材、手册等，查找相关术语。
13. 能够正确操作普通铣床完成机器人1轴限位挡块的加工。
14. 能够熟练掌握零件的测量方法。
15. 能够接受反馈的信息。
16. 能够正确地进行自检。

建议学时

16学时。

工作情境描述

某机器人公司要生产某品牌机器人，设计部已完成该品牌机器人的本体设计，现需要生产样品（6台）进行测试，该公司负责人了解到我院现有的设备、师资水平、生产能力均能满足该品牌机器人本体的生产，找到了我院并将生产样品的任务交予我院。教师给同学们布置了机器人底座部件的加工任务，通过使用钳工、普通车床、铣床设备，根据不同工件、材料正确选择设备和刀具制订加工工艺，完成机器人底座部件的加工任务。现教师为了更好地帮助我们完成加工任务，提出机器人1轴限位挡块进行独立的制造，学习普通铣床技能。

接到任务后，同学们根据学校现有的设备和加工产品的特点，使用普通铣床技能完成机器人1轴限位挡块的生产，遵循8S管理。

教学流程与活动

一、获取信息
1. 阅读任务书，明确任务要求（1学时）
2. 认识普通铣床（3学时）
3. 掌握铣床的操作（4学时）
二、制订机器人1轴限位挡块的加工计划（1学时）
三、评估机器人1轴限位挡块的加工计划（1学时）
四、实施机器人1轴限位挡块的加工（4学时）
五、机器人1轴限位挡块的加工检测（1学时）
六、评价反馈（1学时）

学习活动一　获取信息

子步骤 1：阅读任务书，明确任务要求

学习目标

1. 能够注写出限位挡块零件图上的技术要求。
2. 能够口头复述工作任务并明确任务要求。

建议学时：1 学时。

学习准备

教材、互联网资源、多媒体设备。

学习过程

1. 阅读生产任务单

生产任务单见表 2-21。

表 2-21　生产任务单

<table>
<tr><td colspan="2">需方单位名称</td><td colspan="2"></td><td>完成日期</td><td colspan="2">年　月　日</td></tr>
<tr><td>序号</td><td>产品名称</td><td>材料</td><td>数量</td><td colspan="3">技术标准、质量要求</td></tr>
<tr><td>1</td><td>机器人 1 轴限位挡块</td><td>3040 铝</td><td>30 套</td><td colspan="3">按图样要求</td></tr>
<tr><td>2</td><td></td><td></td><td></td><td colspan="3"></td></tr>
<tr><td>3</td><td></td><td></td><td></td><td colspan="3"></td></tr>
<tr><td colspan="2">生产批准时间</td><td>年　月　日</td><td>批准人</td><td></td><td></td><td></td></tr>
<tr><td colspan="2">通知任务时间</td><td>年　月　日</td><td>发单人</td><td></td><td></td><td></td></tr>
<tr><td colspan="2">接单时间</td><td>年　月　日</td><td>接单人</td><td></td><td>生产班组</td><td></td></tr>
</table>

2. 人员分工

1）小组负责人：________________。

2）小组成员及分工。

姓名	分工

3. 图样分析

机器人 1 轴限位挡块如图 2-39 所示。

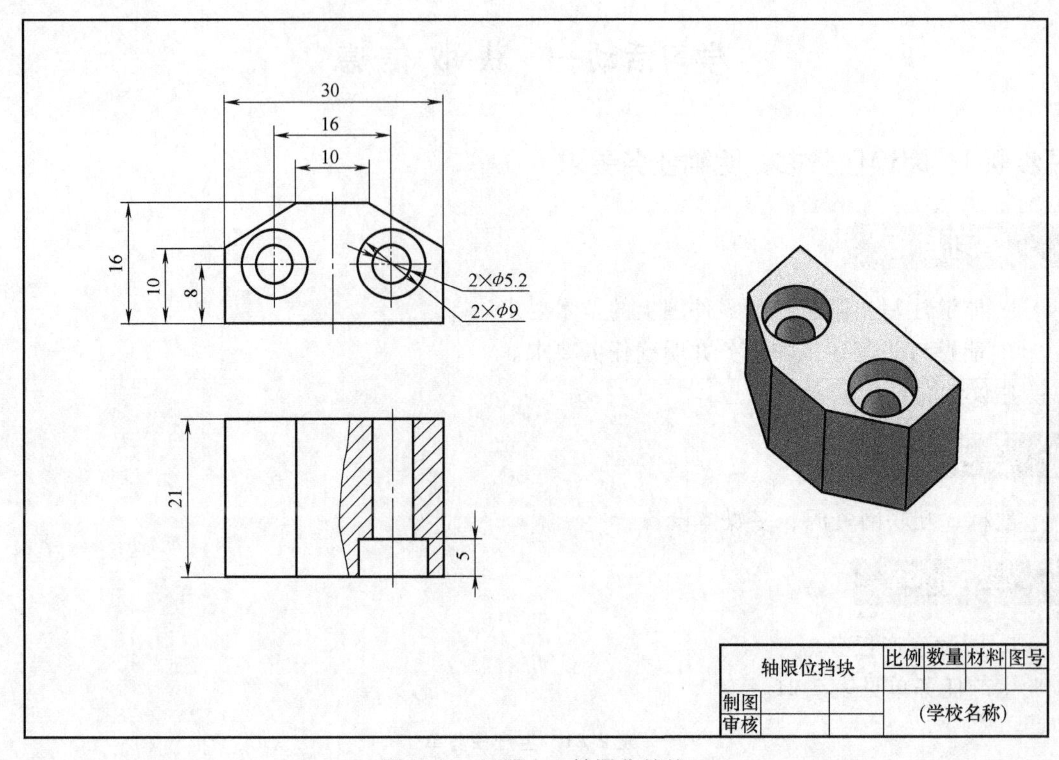

图 2-39　机器人 1 轴限位挡块

上图所示有哪些技术要求？

____

____

子步骤 2：认识普通铣床

学习目标

1. 能够明确车间的安全防护知识。
2. 能够描述铣床的分类。
3. 能够描述铣床的结构。

建议学时：3 学时。

学习准备

教材、互联网资源、多媒体设备。

学习过程

1. 铣工安全规范知识

（1）铣床安全操作规程

① 进入工作场地，必须穿__________，戴__________，操作时不准戴__________。

② 开机前，检查机床________位置及刀具工件装夹是否牢固可靠，刀具运动方向与工作台________是否正确。

③ 将各注油孔注油，________试车（冬季必须先开慢车）2min 以上，查看________等部位要放在________位置。

④ 切削时先开机，如中途停机，应先________，后________，再停机。

⑤ 集中精力，坚守岗位，离开时必须________，机床不许________工作。

⑥ 工作台上不准堆积过多的切屑，工作台及导轨上禁止摆放________或其他物件，工具应放在________位置。

⑦ 切削中，禁止用毛刷在与刀具转向________的方向清理切屑，禁止加切削液。

⑧ 机床________、更换________以及________尺寸时，必须停机。

⑨ 严禁________方向同时自动进给。

⑩ 铣刀距离工件 10mm 内，禁止________进刀，不得连续点动快速进刀。

⑪ 经常注意各部件的润滑情况，各运转的连接件，如发现有异常情况或________应立即停机报告。

⑫ 工作结束后，将各手柄摇到________，关闭________开关，将工卡量具擦净放好，擦净机床，做到工作场地清洁整齐。

（2）机械加工安全标志（图 2-40）　根据你所收集到的信息，填一填下列机械加工安全标志的名称。

（　　）　（　　）　（　　）　（　　）　（　　）　（　　）

图 2-40　安全标志

（3）说一说　傅小伟是一个铣工，同时也是一个年轻漂亮的姑娘。这天，她穿着新买的皮凉鞋，披着新染的长发，高高兴兴地去工厂里上班。眼看时间就要来不及了，她便直接来到车间，打开了机床。刚准备干活，看看自己精心护理的纤纤玉手，小伟赶紧找出一双手套戴上。干着活，小伟发现机器有一点脏，就赶忙用抹布擦干净。过了会儿，旁边的同事芳芳看到小伟的新发型不错，就问她是在哪儿做的，两人便聊了一会儿发型和时装。时间过得很快，眼看就要下班了，小伟停下机床，做了清理和润滑，然后切断电源，便和芳芳一同下班了。请指出傅小伟哪些行为是错误的？

（1）________________________________

（2）________________________________

（3）________________________________

（4）________________________________

（5）________________________________

2. 铣削加工基础

（1）铣床分类与型号

① 铣床有多种形式，并各有特点，按照结构和用途的不同可分为：__________、__________、__________、__________、__________、__________等。

② 其中，__________和__________的通用性最强，应用也最广泛。这两类铣床的主要区别在于____________________。

③ 你认得图 2-41 中的几台铣床吗？请在括号中填写它们的名称。

图 2-41　铣床

④ 铣床的型号由表示该铣床所属的系列、结构特征、性能和主要技术规格等的代号组成。

请写出下列铣床型号各代号的意思。

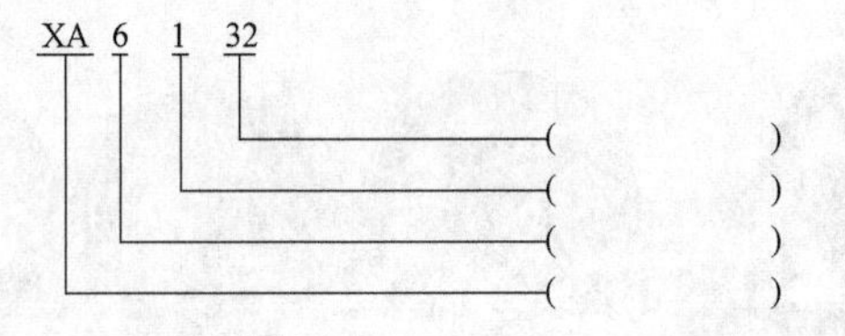

（2）铣床结构与各部件

以 XA6132 卧式铣床（图 2-42）为例，请写出下列铣床的各个结构的名称，并填写表 2-22。

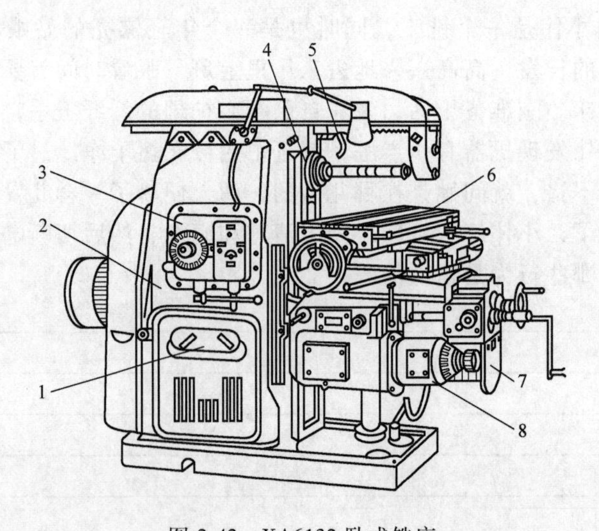

图 2-42　XA6132 卧式铣床

表 2-22　XA6132 卧式铣床的各个结构名称

序号	名称	序号	名称
1		6	
2		7	
3		8	
4		9	
5			

（3）铣床的基本部件

① 底座。底座是整部机床的______部件，具有足够的______________。底座的内腔盛装__________，供切削时__________。

② 床身。床身是铣床的______，铣床上大部分的部件都安装在______上。床身的前壁有燕尾形的__________，升降台可沿________上下移动；床身的顶部有__________，悬梁可在__________上面水平移动；床身的内部装有______________、________________、________________等。

③ 悬梁与悬梁支架。悬梁的一端装有支架，支架上面有与主轴同轴线的支承孔，用来支承______的外端，以增强________________。悬梁向外伸出的长度可以根据____________进行调节。

④ 主轴。主轴是一根空心轴，前端有锥度为________的______，铣刀刀轴一端就安装在______中。主轴前端面有两个键槽，通过键联接传递______，主轴通过铣刀轴带动铣刀作____________________。

⑤ 主轴变速机构。由主传动电动机（7.5kW，1450r/min）通过______、________机构带动主轴旋转，操纵床身侧面的______和______，可使主轴获得不同的转速。

⑥ 纵向工作台。纵向工作台用来____________________________。工作台上面有三条________，用来安放 T 形螺栓以________________。工作台前侧面有一条 T 形槽，用来________________。

⑦ 床鞍。床鞍带动纵向工作台作____________。

⑧ 回转盘。回转盘装在床鞍和纵向工作台之间，用来________________________，以满足加工的需要。

⑨ 升降台。升降台装在床身正面的垂直导轨上，用来________________________。升降台中下部有丝杠与底座螺母联接；铣床进给系统中的______和______等就安装在其内部。

⑩ 进给变速机构。进给变速机构装在升降台内部，它将进给电动机的固定转速通过齿轮变速机构变换成不同的转速，使工作台________________，以满足不同的铣削需要。

子步骤 3：掌握铣床的操作

学习目标

1. 能够描述铣刀的分类。
2. 能够正确安装铣刀。
3. 能够正确操作铣床。

建议学时：4 学时。

学习准备

教材、互联网资源、多媒体设备。

学习过程

1. 铣刀简介

(1) 刀具材料的基本性能

1) 刀具材料是指刀具切削部分的材料。因在切削时要承受很大的压力、摩擦、冲击和很高的温度，所以刀具切削部分的材料应具备以下基本性能：____________、____________、____________、____________、____________。

2) 常用的刀具材料有__________和__________两大类。

(2) 铣刀分类

1) 铣削的形式很多，铣刀的类型和形状也是多种多样。根据加工对象分类，可分为：铣水平面用的铣刀、____________________和____________________。

2) 按结构和安装方法来区分，铣刀可分为__________和__________。

2. 铣刀与工件的安装方法

(1) 立铣刀的装夹　对于直径为 $\phi3 \sim \phi10$mm 的立铣刀，可使用__________；对于直径为 $\phi10 \sim \phi50$mm 的立铣刀，可借助过渡套筒装入机床主轴中，然后用拉杆把铣刀及过渡套筒一起拉紧在主轴锥孔内。

(2) 带柄铣刀的安装

1) 直柄铣刀的安装：直柄铣刀常通过________来安装在铣床主轴锥孔内，安装时，收紧螺母，使________作径向收缩而将铣刀的刀柄夹紧。

2) 锥柄铣刀的安装：当铣刀锥柄尺寸与______________相同时，可直接装入锥孔，并用拉杆拉紧，否则要用过渡锥套进行安装。

(3) 带孔铣刀的安装　带孔铣刀要采用____________安装，先将铣刀杆锥体一端插入__________，用拉杆拉紧，再通过________调整铣刀的合适位置，刀杆另一端用横梁上的吊架支承。

(4) 工件夹紧的基本要求　工件夹紧的目的是防止工件在切削力、重力、惯性力等的作用下发生位移或振动，避免破坏工件的定位，因此夹紧机构应满足下列基本要求：

1) 夹紧装置应有足够的________。

2) 夹紧时不应破坏工件表面，不应____________________。

3) 夹紧力不应____________________。

4) 能用________的夹紧力获得所需的夹紧效果。

5) 工艺性好，在保证生产率的前提下结构应______，便于制造、维修和操作。

6) 手动夹紧机构应具有________功能。

(5) 工件的安装　工件在铣床上的安装方法很多，常用的主要有以下几种：①__________、②__________、③__________、④__________和用专用夹具或组合夹具安装。

3. 铣削运动形式与铣削用量

（1）铣削运动

1）铣削是利用____________、工件或铣刀作____________的切削加工方法。铣削过程中包括主运动和____________。

2）主运动是由______提供的耗能最多的主要运动，它是使刀具________________的运动。

（2）铣削用量

1）铣削用量有________________、________________、________________和侧吃刀量 a_e，合称为铣削用量四要素。

2）铣削用量选择的原则：通常粗加工为保证必要的刀具寿命，应优先采用较大的________________________，其次是加大________，最后才是_______________选择适宜的切削速度，这样选择是因为____________对刀具寿命影响最大，进给量次之，背吃刀量和侧吃刀量影响最______。

4. 铣削方式

（1）铣削的工艺特点　铣削工艺特点主要有以下几个：①________________________、②________________、③________________。

（2）铣削方式　平面的铣削方式有________和________。

5. 切削液选择

（1）切削液的种类和性质　切削液根据其性质不同可分为______切削液和______切削液。其中，______切削液的润滑性能较好，冷却效果较差，而______切削液则相反。

（2）切削液的主要作用　切削液的主要作用有：①________________________、②____________________、③____________________、④____________________。

（3）切削液选择的依据　选择切削液时要考虑多种因素。除润滑、冷却外还有环保性等。常用切削液的选择见表2-23，请填写切削液对应的加工材料种类。

表2-23　常用切削液的选择

加工材料	铣削种类	
	粗铣	精铣
	一般不用，必要时用压缩空气或乳化液	一般不用，必要时用压缩空气或极压乳化液
	一般不用，必要时用乳化液	乳化液、含硫极压乳化液
	一般不用，必要时用混合油、乳化液	柴油、混合油、煤油、松节油
	乳化液、苏打水	乳化液、极压乳化液、混合油、硫化油等
	乳化液、极压乳化液	乳化液、极压乳化液、混合油、硫化油等
	乳化液、极压乳化液、苏打水等	乳化液、极压切削油、混合油等
	乳化液、极压切削油、硫化乳化液，极压乳化液	氯化液油、煤油加25%的植物油、煤油加20%的松节油和20%的油酸、硫化油、极压切削油

6. 铣床的基本操作

（1）铣床的手动进给操作（图2-43）练习　请描述工作台纵向、横向、垂直方向的手动进给操作及注意事项：____

____

____

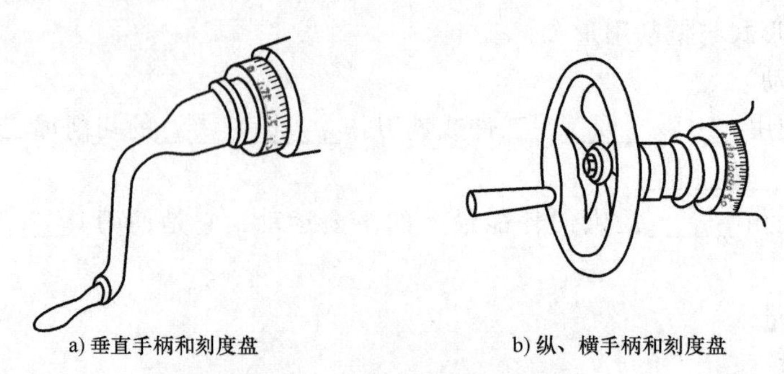

图 2-43　铣床的手动进给操作

（2）主轴变速操作　如图 2-44 所示为主轴变速操作图。

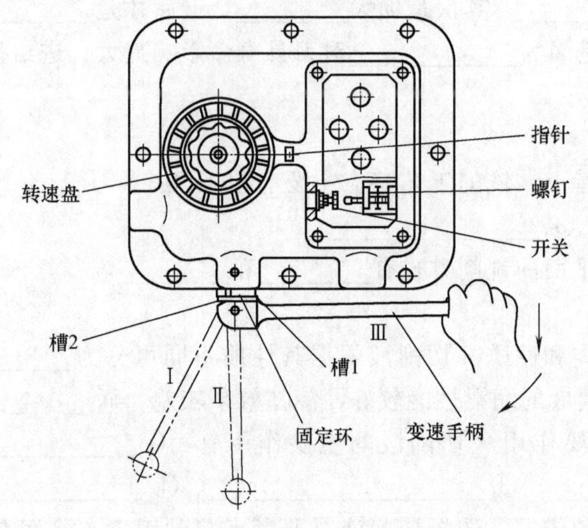

图 2-44　主轴变速操作图

请描述主轴变速操作及注意事项：

（3）进给变速操作　如图 2-45 所示为进给变速操作图。

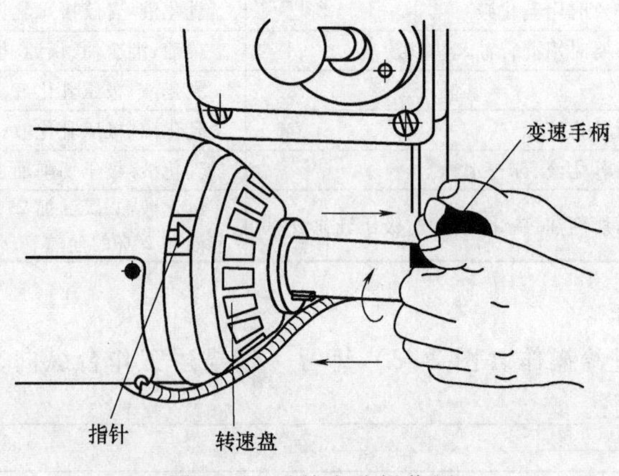

图 2-45　进给变速操作图

请描述进给变速操作及注意事项：____

____

____

（4）工作台纵向、横向、垂直方向的机动进给操作　如图 2-46 所示为工作台方向的机动进给操作。

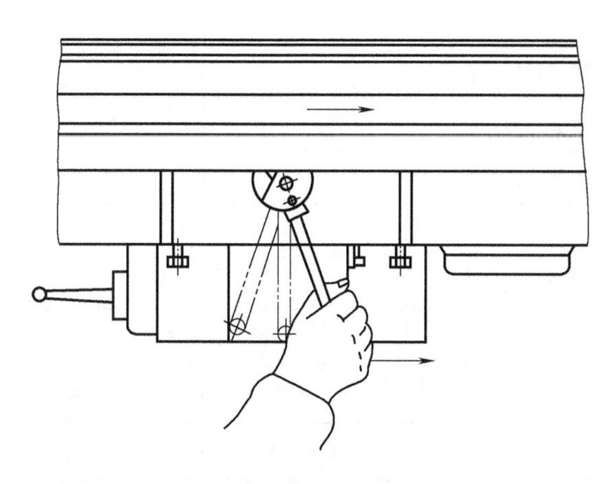

图 2-46　工作台方向的机动进给操作

请描工作台______方向的机动进给操作及注意事项：____________________________

____

____

练一练

按照图样要求，加工如图 2-47 所示的台阶零件，技术要求图中已给出，其材料为 45 钢。毛坯尺寸如图 2-48 所示。完成表 2-24 所示的学习情况评估表。

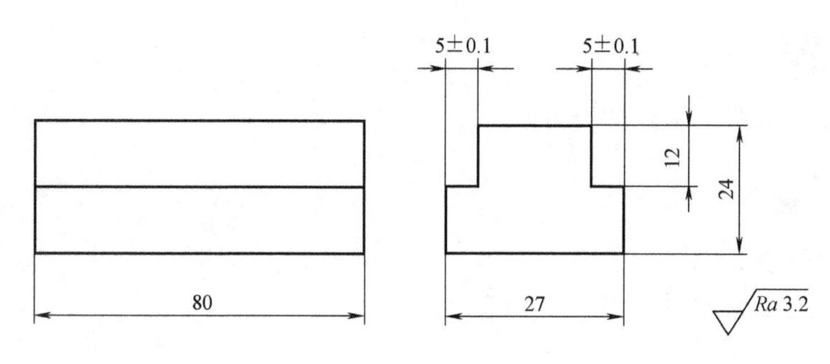

图 2-47　台阶零件的结构

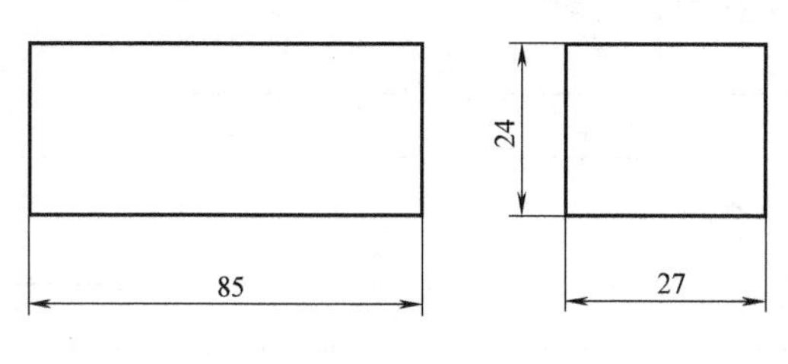

图 2-48　毛坯尺寸

表 2-24　学习情况评估

序号	评估信息	配分	自评分	他人评分	教师评分
1	能够遵循安全文明生产规程	5			
2	能够认识普通铣床	5			
3	能够进行平面铣削操作	4			
4	能够进行斜面铣削操作	4			
5	能够进行台阶铣削操作	7			
6	能正确装夹和校正工件	5			
合计		30			
课程工作任务名称	机器人底座的生产与组装				
	机器人 1 轴限位挡块的加工				
	工作准备评估　　工作页　　编号:LS2-2-3-2				

学习活动二　制订机器人 1 轴限位挡块的加工计划

学习目标

能够正确完成机器人 1 轴限位挡块的加工计划的填写。

建议学时：1 学时。

学习准备

教材、互联网资源、多媒体设备。

学习过程

工作计划表见表 2-25。

1. 根据计划表你能从中得到什么信息？

______

______

2. 填写计划表时要注意什么问题？

______

______

3. 填写计划表有何意义？

______

______

表 2-25　工作计划

<table>
<tr><td colspan="6"></td><td colspan="2">工作时间(分)</td></tr>
<tr><td>序号</td><td>工作阶段/步骤</td><td>工具/材料清单</td><td>负责人</td><td>工作安全</td><td>质量检验</td><td>计划</td><td>实际</td></tr>
<tr><td>1</td><td></td><td></td><td></td><td></td><td></td><td></td><td></td></tr>
<tr><td>2</td><td></td><td></td><td></td><td></td><td></td><td></td><td></td></tr>
<tr><td>3</td><td></td><td></td><td></td><td></td><td></td><td></td><td></td></tr>
<tr><td>4</td><td></td><td></td><td></td><td></td><td></td><td></td><td></td></tr>
<tr><td>5</td><td></td><td></td><td></td><td></td><td></td><td></td><td></td></tr>
<tr><td>6</td><td></td><td></td><td></td><td></td><td></td><td></td><td></td></tr>
<tr><td>7</td><td></td><td></td><td></td><td></td><td></td><td></td><td></td></tr>
<tr><td>8</td><td></td><td></td><td></td><td></td><td></td><td></td><td></td></tr>
<tr><td>9</td><td></td><td></td><td></td><td></td><td></td><td></td><td></td></tr>
<tr><td>10</td><td></td><td></td><td></td><td></td><td></td><td></td><td></td></tr>
<tr><td colspan="8">工作计划决策与反馈</td></tr>
<tr><td colspan="2" rowspan="3">课程工作任务名称</td><td colspan="6">机器人机械部件生产与组装</td></tr>
<tr><td colspan="6">机器人 1 轴限位挡块的加工</td></tr>
<tr><td colspan="6">工作计划工作页　　编号:LS2-2-3</td></tr>
</table>

学习活动三　评估机器人 1 轴限位挡块的加工计划

学习目标

1. 能够发现计划中的不足。
2. 能够对计划提出可行的建议。

建议学时：1 学时。

学习准备

教材、互联网资源、铣床、多媒体设备。

学习过程

1. 记录本组计划的不足之处。

____

____

2. 记录计划中修改的内容。

____

____

学习活动四　实施机器人 1 轴限位挡块的加工

学习目标

1. 能够运用教材、手册等，查找相关术语。
2. 能够正确操作普通铣床完成机器人 1 轴限位挡块的加工。

建议学时：4 学时。

学习准备

教材、互联网资源、铣床、多媒体设备。

学习过程

1. 如何理解术语“去毛刺”？

2. 加工前做记号应该先执行什么工作步骤？

3. 如何理解术语“参照面”？

学习活动五　机器人 1 轴限位挡块的加工检测

学习目标

能够熟练掌握零件的测量方法。

建议学时：1 学时。

学习准备

教材、互联网资源、机器人 1 轴限位挡块零件、测量工具。

学习过程

目视检查评价表见表 2-26，测量评价表见表 2-27。

表 2-26　目视检查评价表

学习领域：			项目：					
任务名称：			小组(　　　)　　个人(　　　)					
组名(姓名)：			学号		工位号		工件号	
班级：			日期：					
序号	姓名	检查项目	检查标准		评分(10-9-7-5-3-0)			
					自评分		他人评分	差异
1		专业水平清除毛刺	各边的毛刺清除					
2		各表面粗糙度	达到图样标注要求					
3		产品的完整性	完成使用加工项目					
合计								

表 2-27　测量评价表

学习领域：			项目：					
任务名称：			小组(　　　)　　个人(　　　)					
组名(姓名)：			学号		工位号		工件号	
班级：			日期：					
序号	姓名	测量项目	测量标准	评分(10 或 0)				
				测量结果	自评分	测量结果	他人评分	差异
1		30mm	根据零件图尺寸对三维图各特征尺寸进行检查					
2		16mm						
3		21mm						
4		5mm						
5		2×ϕ9						
6		2×ϕ5.2						
合计								

学习活动六　评 价 反 馈

学习目标

1. 能够接受反馈的信息。
2. 能够正确地进行自检。

建议学时：1 学时。

学习准备

教材、互联网资源、多媒体设备。

学习过程

1. 评价

完成表 2-28 和表 2-29。

表 2-28 核心能力评价表

学习领域:					项目:				
任务名称:					小组( ) 个人( )				
组名(姓名):					学号		工位号		工件号
班级:					日期:				
序号	行为概况				期待表现		评分(0-1-2)		
	能力种类	能力序号	专业阶段	指标考核	行为指标	选择该指标的理由	自评分	教师/他人评分	差异
1	I	1	1	3	主动配合实施学习任务(执行指令)				
2	I	2	1	3	反思已完成的学习任务,判定哪些做得好、哪些不好,如何改进				
3	I	6	1	1	了解并应用和自己专业学习相关的健康及安全规范与守则				
4	M	1	3	3	通过查询多样化的来源,取得更完整及更准确的信息				
5	M	3	3	3	完善这些问题并做出正确的决策				
6	S	2	2	1	展开与他人的合作关系。承担额外的职责以促进团队目标的达成				
评估标准 0-1-2(差-一般-良好)						合计			

表 2-29 汇总表

学习领域:			项目:			
任务名称:			小组( ) 个人( )			
组名(姓名):			学号	工位号		工件号
班级:			日期:			
序号	评估项目	各项评分合计	各项指标数量	100 制得分	权重	得分
1	目视检查评价					
2	测量评价					
3	核心能力评价					
合计						

2. 在进行这个项目的过程中你有何收获？

3. 如果下次你分配了一个类似的任务你能在什么地方进行改进？

项目三

机器人的生产与组装

学习任务一　机器人与夹具连接轴的数控加工（数控车床基础技能）

学习目标

学习完本项目后，学生应当能够胜任数控车床的基本操作，并严格执行国家、企业安全环保制度和“8S”管理制度，养成吃苦耐劳、爱岗敬业的工作态度，具备自信、独立分析与解决常规问题的能力。通过完成工业机器人机械本体部件产品的加工任务（机器人与夹具连接轴），学习了数控车床的操作技能、数控车床的加工指令编写格式、加工程序的编写等相关知识，能根据不同的工件材料（材料：3040 铝），正确选择机床（数控车床）、刀具制订加工工艺，通过使用数控车床完成机器人与夹具连接轴的加工任务。

具体包括：

1. 能阅读《生产任务单》，并完成派工单的填写。
2. 能识读零件图样，并通过图样分析技术要求。
3. 能表述数控车床的结构和运动原理。
4. 能分析产品工艺，正确选择刀具和切削用量。
5. 能独立编写机器人与夹具连接轴加工任务的程序。
6. 能熟练操作数控面板。
7. 能进行定点、试切对刀。
8. 能在面板系统上输入和编辑程序。
9. 能在加工过程中进行尺寸控制。
10. 能制订机器人与夹具连接轴加工工艺
11. 能制订合理的机器人与夹具连接轴的数控加工计划。
12. 能使用数控车床完成机器人与夹具连接轴的生产。
13. 能进行机器人与夹具连接轴尺寸和表面粗糙度的控制。
14. 能进行数控车床的日常保养。
15. 能按照 8S 管理规定，安全文明生产。
16. 能进行机器人与夹具连接轴尺寸和表面粗糙度的测量。

17. 能分析误差产生的原因。

18. 按表格及指引客观公正的进行评价。

19. 能查阅所需资料（包括工作页、参考书、数控车床使用手册、互联网等），完成引导性问题的解答。

20. 主动精神：能视情况需要，把问题带给适当的人。

21. 注意细节：在接受假设和信息之前，先查对验证、收集和处理信息，阅读稍长的文字材料，寻找多样性的信息。

22. 自信心：当遇到挑战时，仍能对自己的能力、观点或决策表现自信。

23. 关注安全：了解并应用和自己专业相关的健康及安全规范。

24. 解决问题：当预定的解决方案无法实施时，能找出明确而实用的解决方案。

25. 互动沟通：就刚才所说的内容，进行评论或反馈。

建议学时

46 学时。

工作情境描述

某机器人公司要生产某品牌机器人，设计部已完成该品牌机器人的本体设计，现需要生产样品（6 台）进行测试，该公司负责人了解到我院现有的设备、师资水平、生产能力均能满足该品牌机器人本体的生产，找到我院将生产样品的任务交予我院。教师给同学们布置了机器人本体部件的加工任务，通过使用数控车床、数控铣床设备，根据不同工件、材料正确选择设备和刀具制订加工工艺，完成机器人本体部件的加工任务。现教师为了更好地帮助我们完成加工任务，提出机器人与夹具连接轴进行独立的制造，学习数控车床技能。

具体工作任务要求如下：

通常情况下，很多公司设计产品只负责设计，并没有自己的加工公司，所以设计出来的产品是外派加工，应该由教师给同学们下达机器人本体部件的加工任务，目的是将机器人机械部件进行生产与装配。

接到任务后，同学们根据学校现有的设备和加工产品的特点，机器人与夹具连接轴的生产可以根据机器人与夹具连接轴的工件材料，正确选择机床、刀具、制订加工工艺，应用数控车床完成机器人与夹具连接轴零件的加工，遵循 8S 管理。

教学流程与活动

一、获取信息

1. 阅读任务书，明确任务要求（1 学时）

2. 理论知识（10 学时）

3. 操作示范指导练习（26 学时）

二、制订机器人与夹具连接轴的数控加工（1 学时）

三、实施机器人与夹具连接轴的数控加工（6 学时）

四、机器人与夹具连接轴的数控加工检测（1 学时）

五、评价与反馈（1 学时）

学习活动一　获取信息

子步骤 1：阅读任务书，明确任务要求

学习目标

1. 能阅读《生产任务单》，并完成派工单的填写。
2. 能识读零件图样，并通过图样分析技术要求。
3. 主动精神：能视情况需要，把问题带给适当的人。

建议学时：1 学时。

学习准备

教材、工作页、笔、笔记本。

学习过程

1. 阅读生产任务单

生产任务单见表 3-1。

表 3-1　生产任务单

需方单位名称				完成日期	年　月　日	
序号	产品名称	材料	数量	技术标准、质量要求		
1	机器人与夹具连接轴	3040 铝	30 套	按图样要求		
2						
3						
4						
生产批准时间		年　月　日	批准人			
通知任务时间		年　月　日	发单人			
接单时间		年　月　日	接单人		生产班组	

2. 人员分工

1）小组负责人：________。

2）小组成员及分工。

姓名	分工

3. 派发生产图样（分析图样）

机器人与夹具连接轴如图 3-1 所示。

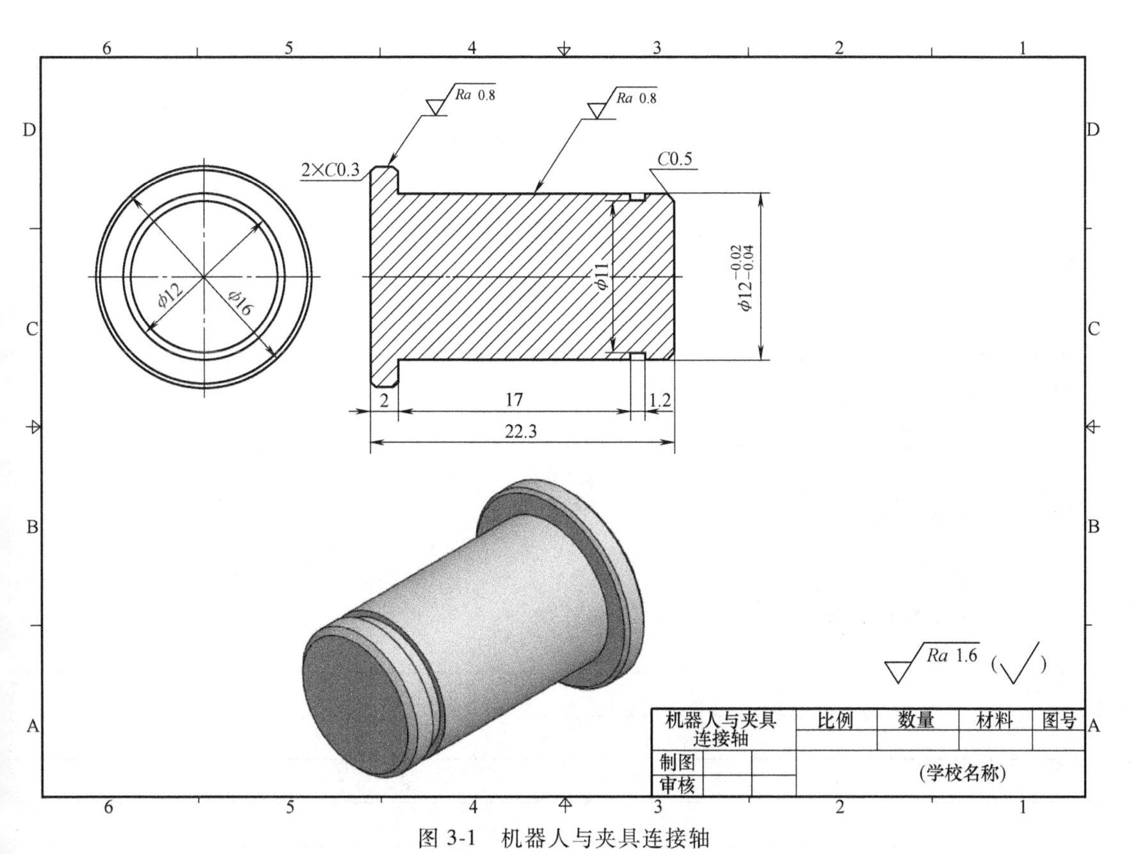

图 3-1　机器人与夹具连接轴

练一练

阅读零件图样，通过图样分析找出技术要求，并完成下面分析的填写。

机器人与夹具连接轴零件图的分析表：

① 零件是由：总长度为______ mm，从左到右依次为长 2mm 直径为________ mm 外圆、长________ mm 直径 ϕ12mm 外圆以及一条宽度________ mm 单边深度 0.5mm 的槽所组成的。

② 分析零件图可知：ϕ12mm 和 ϕ16mm 圆柱表面粗糙度为 *Ra* ______ μm，其余表面粗糙度为 *Ra* ______ μm，主要的控制尺寸是：____________________________。

③ 零件毛坯材料为 3040 铝，加工特点 1. 铝硬度低，在加工铝时，刀具的负载小，导热性能较佳，切削温度比较低，可以提高其铣削速度。2. 铝的塑性低，熔点也低，在加工铝时其黏刀问题严重，排屑性能较差，刀具易磨损，所以要选择合适的切削用量和加工时需要的切削液。毛坯下料为 ϕ ______ mm×60mm。

子步骤 2：理论知识

学习目标

1. 能表述数控车床的结构和运动原理。
2. 能分析产品工艺，正确选择刀具和切削用量。

3. 能独立编写机器人与夹具连接轴加工任务的程序。

4. 能完成数控加工安全文明生产测试。

5. 能查阅所需资料（包括工作页、参考书、数控车床使用手册、互联网等），完成引导性问题的解答。

6. 注意细节：在接受假设和信息之前，先查对验证、收集和处理信息，阅读稍长的文字材料，寻找多样性的信息。

建议学时：10 学时。

学习准备

教材、工作页、笔、笔记本。

学习过程

1. 引导问题

1）什么是数控机床？

______

______

______

______

2）数控车床的结构由哪几部分组成，如图 3-2 所示，找出数控车床各单元的结构并填入图中指示线处，分析运动原理。

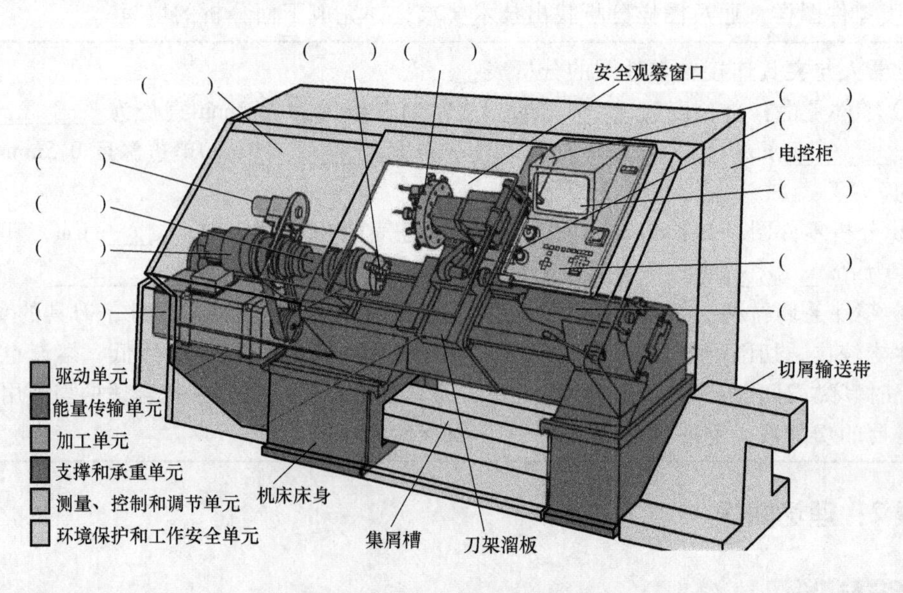

图 3-2　数控车床结构及功能单元

3）根据图 3-3 所示的数控车床加工流程图分析，举例说明每步具体的操作。

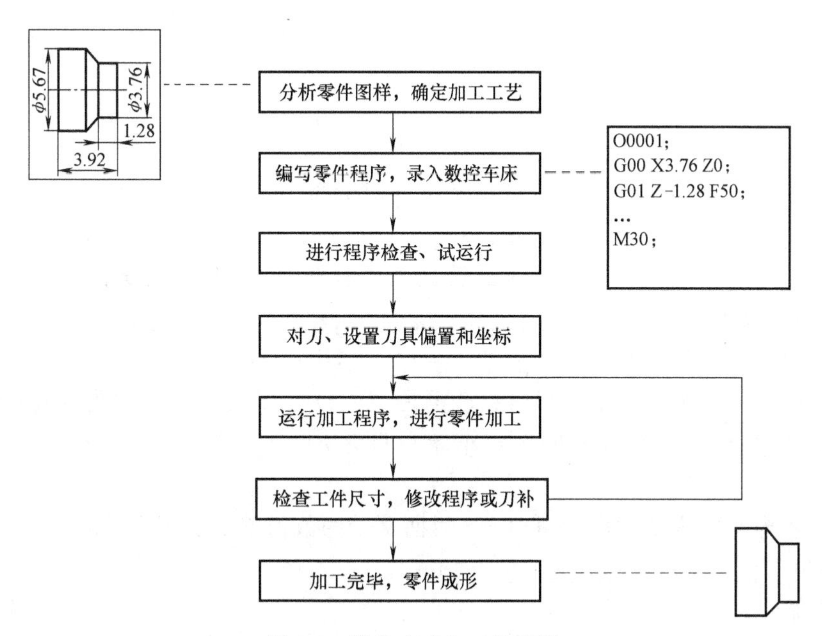

图 3-3　数控车床加工流程图

4）根据机器人与夹具连接轴加工工艺完成刀具的选择。数控加工刀具卡片见表 3-2。

表 3-2　数控加工刀具卡片

产品名称				零件图号	
序号	刀具号	刀具名称	数量	加工项目	备注
1	T0101	90°外圆车刀	1	车端面及外轮廓	正偏刀
2					
3					
4					
5					
6					

5）知道机器人与夹具连接轴的数控车削加工需要用到什么指令？格式是怎样的？

____

____

____

____

____

____

6）M 代码（辅助功能）

如果在地址 M 后面增加了 2 位数字，那就把对应的信号送给机床执行对应的运动，用来控制机床的 ON/OFF（开/关），M 代码在一个程序段中只允许一个有效。请查阅相关资料，进行正解连线选择。

M03	程序结束（程序光标会返回程序开头）
M04	切削液关
M05	切削液开
M08	程序暂停
M09	主轴反转（面对卡盘，顺时针方向转旋）
M00	主轴停转
M30	主轴正转（面对卡盘，逆时针方向旋转）

7）S—主轴转速

S 字段用于指定主轴实际________________。单位：r/min。

1）当主轴电动机为步进电动机时：范围是 S0~S15，S 后面所带的数值就是机床主轴的档位，数值越大其转速越高（有的数控车床中只有 S1/ S2 二档位，其中 S1 ________、S2 ________）。

2）当主轴电动机为变频电动机时，S 后面所带的数值就是机床主轴的转速。

如：S500 为____________________ r/min。

8）T 功能

T 功能也称为______________功能，用来进行刀具及刀补设定。

如图 3-4 所示，其中 T 后面的前两位表示____________，后两位表示____________。

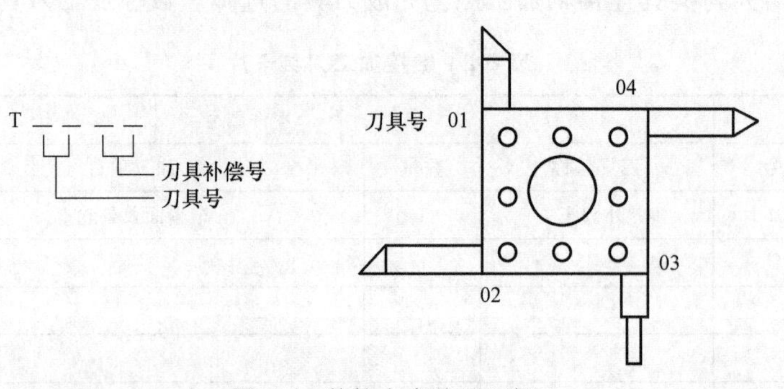

图 3-4　数控车床普通刀架

如 T0202，表示第 2 号刀和对应的第 2 号刀补。

如 T0200，表示第 2 号刀不带刀补。

9）如图 3-5 所示数控车床动作，其中进给功能（F 功能）是指控制刀具的__________。

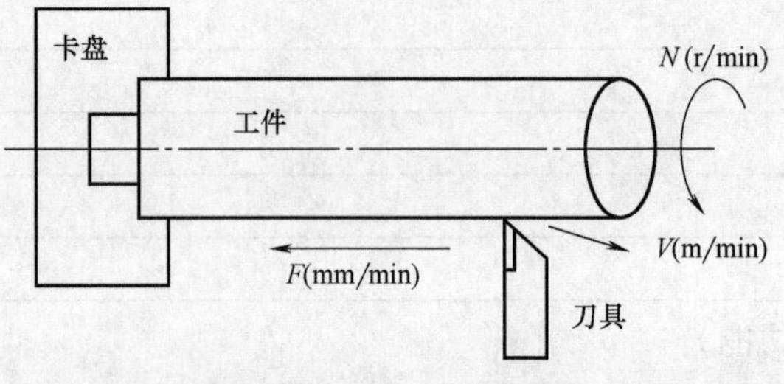

图 3-5　数控车床动作

为了切削零件，用指定的速度使刀具运动，这个速度称为进给速度。进给速度用数值指

令。例如，让刀具以 100mm/min 的速度进给时，程序指令编写为：________________。

F 功能有两种表示方法：

1）每分钟进给速度；由 G 代码中的 G98 设定。

例：F100 表示刀具的切削速度为____________ mm/min。

2）每转进给速度：由 G99 设定。

例：F0.1 表示刀具切削速度为____________ mm/r，即：主轴每转一转刀具切削 0.1mm。

10）切削 ϕ12mm 外圆时，它的切削用量多少？

____

____

____

____

11）设计切削深 1.2mm 的槽的加工工艺时，要如何选择刀具、主轴转速、切削用量。

____

____

____

____

练一练

1. 独立编写以下台阶轴零件加工任务的程序，并完成表 3-3 所示的加工编程表。

要求：如图 3-6 所示台阶轴零件，进行程序编写，40min 内按照编程要求，正确使用编程指令，切削用量，满足技术要求，并合理安排编程的顺序。

注意事项：1. G71 粗车循环指令格式的编写及应用。

2. G70 精车循环指令格式的编写及应用。

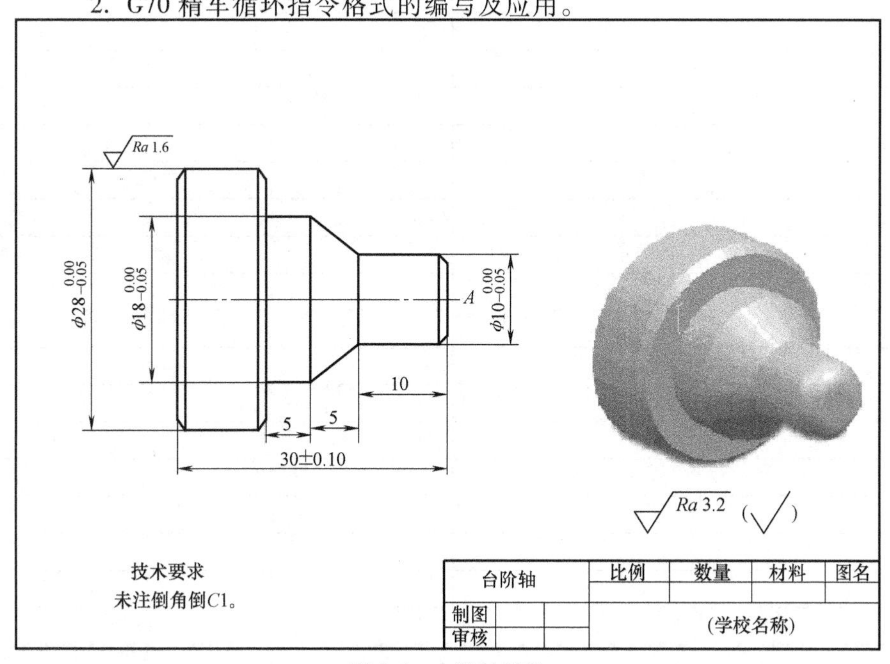

图 3-6　台阶轴零件

表 3-3　加工编程

程序语句	程序说明
O0001	程序文件名
M04 S900	主轴反转,转速:900r/min

2. 独立编写机器人与夹具连接轴加工任务的程序，并完成表 3-4 所示的加工编程表。

要求：如图 3-7 所示机器人与夹具连接轴，进行程序编写，30min 内按照编程要求，正确使用编程指令，切削用量，满足技术要求，并合理安排编程的顺序。

注意事项：1. G71 粗车循环指令格式的编写及应用。

2. G70 精车循环指令格式的编写及应用。

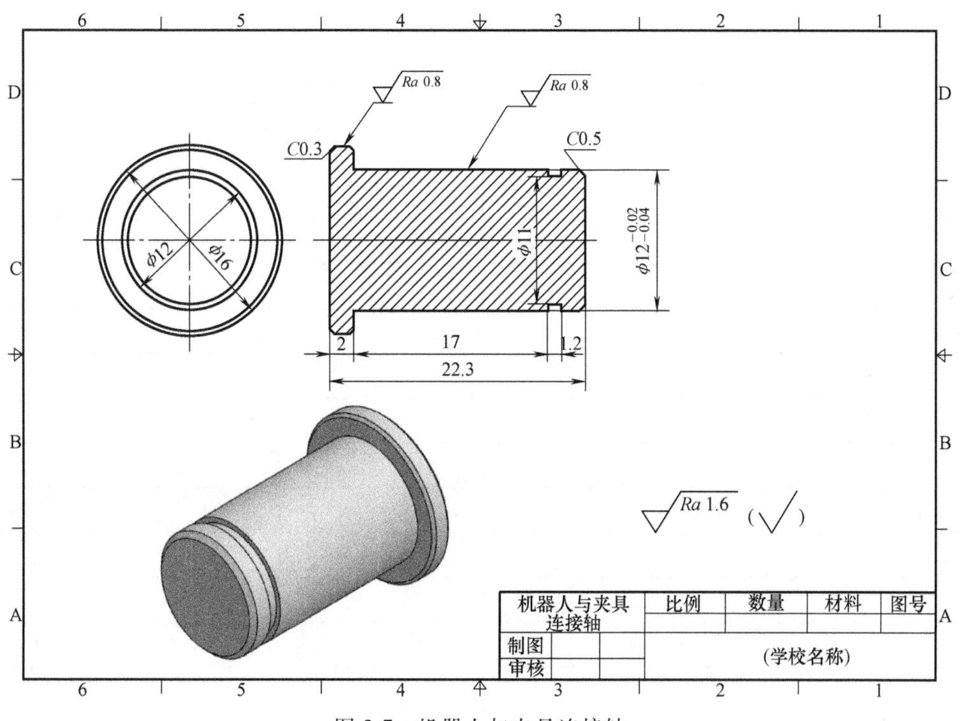

图 3-7　机器人与夹具连接轴

表 3-4　加工编程

程序语句	程序说明
O0001	程序文件名
M04 S900	主轴反转,转速:900r/min

（续）

程序语句	程序说明

12）根据以下数控车床的安全操作规程，讲一讲为什么要这样做？

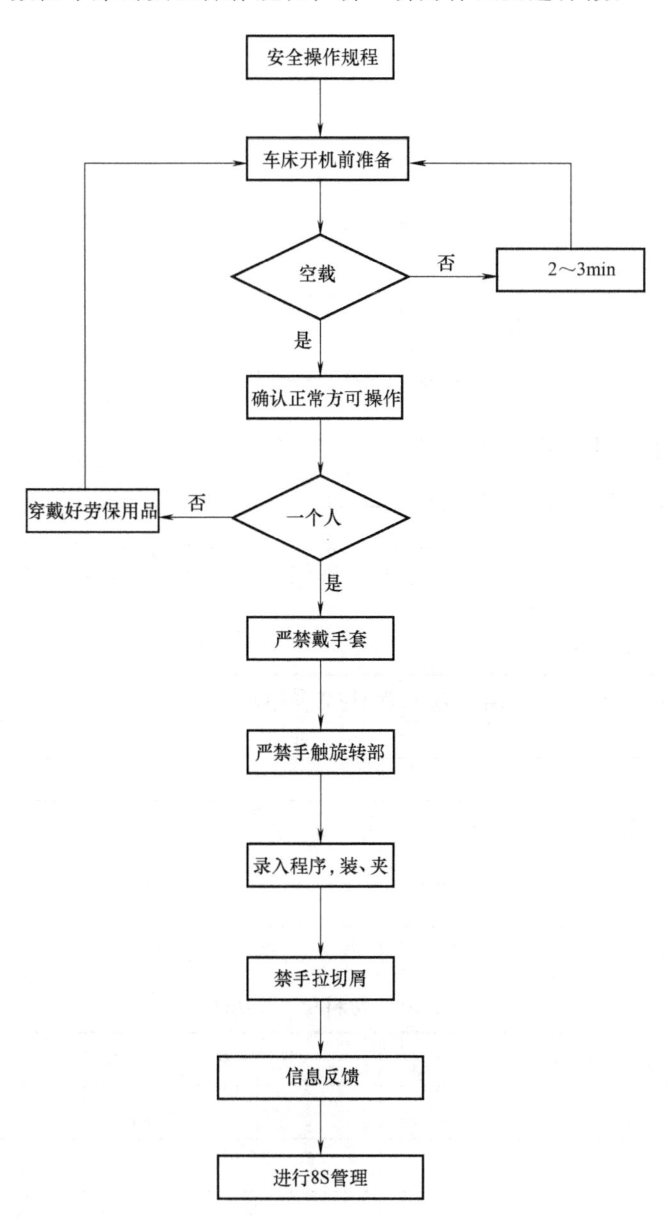

子步骤 3：操作示范指导练习

学习目标

1. 能熟练操作数控面板。
2. 能进行定点、试切对刀。
3. 能在面板系统上输入和编辑程序。
4. 能在加工过程中进行尺寸控制。

5. 关注安全：了解并应用和自己专业相关的健康及安全规范。

建议学时：26 学时。

学习准备

教材、工作页、笔、笔记本、操作工量具、加工材料。

学习过程

1. 引导问题

1）使用六角扳手时需要注意什么？

2）安装外圆车刀时有哪些注意事项？

3）采用试切的方式进行设置坐标系时，确保对刀的准确性需要注意什么？

4）在装夹刀具和卡爪时，需要注意哪些安全事项？

5）为什么在装夹时要一个人操作？

2. 开机操作前准备：填写表 3-5，并领取开机操作所需工具用品。

表 3-5 材料和工具清单

序号	材料、工、量、刃具名称	规格	数量	签名
1				
2				
3				
4				
5				
6				
7				
8				
9				
10				

3. 完成台阶轴零件的加工工艺流程。

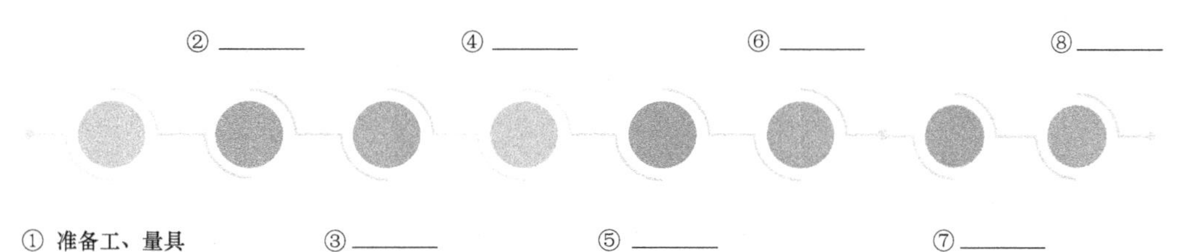

4. 完成表 3-6 所示的数控车床操作考核表。

表 3-6　数控车床操作考核表

班级：　　　　　　　　　　　学号：　　　　　　　　得分：

序号	项目	说 明	配分	得分
1	工、量具的准备	准备齐全、8S 管理	5	
2	开机	开机顺序正确	5	
3	正确关机	关机顺序正确	5	
4	正确安装刀具	正确安装刀夹头到 Z 轴	5	
5	卡盘的调整	对齐中心，拧紧	5	
6	MDI 起动主轴转动	正确输入指令 正确起动主轴	5	
7	X 轴操作	操作过程反向或误操作 1 次扣 5 分	5	
8	Z 轴操作	操作过程反向或误操作 1 次扣 5 分	5	
9	正确设置坐标系	1. X 轴存在偏差扣 5 分 2. Z 轴存在偏差扣 5 分	10	
10	正确输入程序	有误一处扣 5 分	20	
11	台阶轴加工操作练习	按时准确地完成台阶轴的加工操作练习	20	
12	8S 现场管理	操作过程按 8S 现场管理，错一次扣 3 分	10	
合计				

学习活动二　制订机器人与夹具连接轴的数控加工计划

学习目标

1. 能制订机器人与夹具连接轴加工工艺。
2. 能制订合理的机器人与夹具连接轴的数控计划；

建议学时：1 学时。

学习准备

教材、工作页、笔、笔记本。

学习过程

机器人与夹具连接轴的工作计划表见表 3-7，机器人与夹具连接轴的数控加工工作计划见表 3-8。

1. 根据计划表你能从中得到什么信息？

____

____

2. 填写计划表时要注意什么问题？

____

____

3. 填写计划表有何意义？

____

____

表 3-7　工作计划

序号	工作阶段/步骤	工具/材料清单	负责人	工作安全	质量检验	计划完成时间/min	实际完成时间/min
1	准备工、量具	车刀（外圆车刀、切断刀）垫片、六角扳手、毛刷、铜棒、抹布、量具（游标卡尺、千分尺）、毛坯、防护眼镜		避免刺伤	现场管理		
2	装毛坯伸出（工件长度加 30～40mm）	六角扳手，防护眼镜，调整好夹 ϕ35mm 的卡爪		避免碰伤	卡爪统一		
3	装刀具（外圆车刀和切断刀）	六角扳手、防护眼镜		避免碰伤	刀具装平，伸出长度合理		
4	对刀（外圆车刀和切断刀）并检刀	千分尺、防护眼镜		安全文明生产	检刀合格		
5	输入程序	防护眼镜		安全文明生产	检查程序是否正解		
6	关防护门	防护眼镜		避免夹伤	关到位，提示灯关闭		
7	执行：自动加工（端面、外圆、槽、切断）	游标卡尺、千分尺、防护眼镜		安全文明生产	表面粗糙度和尺寸控制		
8	检查	游标卡尺、千分尺		避免刺伤	表面粗糙度和尺寸检查		
工作计划决策与反馈							
课程工作任务名称	机器人机械部件生产与装配						
	机器人与夹具连接轴的数控加工						
	工作计划工作页　　编号：LS2-3-1						

表 3-8　机器人与夹具连接轴的数控加工工作计划

序号	工作阶段/步骤	工具/材料清单	负责人	工作安全	质量检验	计划完成时间/min	实际完成时间/min
1	准备工、量具	车刀（外圆车刀、切断车刀）垫片、六角扳手、毛刷、铜棒、抹布、量具（游标卡尺、千分尺）、毛坯、防眼镜		避免刺伤	现场管理		
2							
3							
4							
5							
6							
7							
8							
9							
工作计划决策与反馈							
课程工作任务名称	机器人机械部件生产与组装						
	机器人与夹具连接轴的数控加工						
	工作计划工作页　　编号：LS2-3-1						

学习活动三　实施机器人与夹具连接轴的数控加工

学习目标

1. 能使用数控车床完成机器人与夹具连接轴的生产。
2. 能进行机器人与夹具连接轴尺寸和表面粗糙度的控制。
3. 能进行数控车床日常的保养。
4. 关注安全：了解并应用和自己专业相关的健康及安全规范。
5. 解决问题：当预定的解决方案无法实施时，找出明确而实用的解决方案。

建议学时：6 学时。

学习准备

教材、工作页、笔、笔记本、加工设备、工量具、加工材料。

学习过程

引导问题

1）加工 ϕ12mm 的外圆，尺寸精度和表面粗糙度要求如何？采用什么方法保证？

2）调头车端面时如何夹紧？又如何保证总长 22.3mm？

3）在加工深 1.2mm 槽时，需要注意什么？

学习活动四　机器人与夹具连接轴的数控加工检测

学习目标

1. 能够根据检测标准进行自检。
2. 能分析检测误差产生的原因。

建议学时：1 学时。

学习准备

工作页、笔、笔记本、多媒体设备。

学习过程

机器人与夹具连接轴的目视检查评价表见表 3-9，测量评价表见表 3-10。

表 3-9　目视检查评价表

<table>
<tr><td colspan="3">学习领域：</td><td colspan="6">项目：</td></tr>
<tr><td colspan="3">任务名称：</td><td colspan="6">小组（　　）　个人（　　）</td></tr>
<tr><td colspan="3">组名(姓名)：</td><td>学号</td><td></td><td>工位号</td><td></td><td>工件号</td><td></td></tr>
<tr><td colspan="3">班级：</td><td colspan="6">日期：</td></tr>
<tr><td rowspan="2">序号</td><td rowspan="2">姓名</td><td rowspan="2">检查项目</td><td rowspan="2" colspan="3">检查标准</td><td colspan="3">评分(10-9-7-5-3-0)</td></tr>
<tr><td>自评分</td><td>他人评分</td><td>差异</td></tr>
<tr><td>1</td><td></td><td>专业水平清除毛刺</td><td colspan="3">各边的毛刺清除</td><td></td><td></td><td></td></tr>
<tr><td>2</td><td></td><td>各表面粗糙度</td><td colspan="3">达到图样标注要求</td><td></td><td></td><td></td></tr>
<tr><td>3</td><td></td><td>产品的完整性</td><td colspan="3">完成使用加工项目
(包括倒角、槽的完整性)</td><td></td><td></td><td></td></tr>
<tr><td></td><td></td><td></td><td colspan="3"></td><td></td><td></td><td></td></tr>
<tr><td></td><td></td><td></td><td colspan="3"></td><td></td><td></td><td></td></tr>
<tr><td colspan="6">合计</td><td></td><td></td><td></td></tr>
</table>

表 3-10　测量评价表

学习领域：			项目：					
任务名称：			小组(　　　)　　个人(　　　)					
组名(姓名)：			学号		工位号		工件号	
班级：			日期：					
序号	姓名	测量项目	测量标准	评分(10 或 0)				
				测量结果	自评分	测量结果	他人评分	差异
1		ϕ16mm	IT12					
2		ϕ12mm	$\phi12_{-0.04}^{-0.02}$mm					
3		槽 ϕ11mm	IT12					
4		槽长 1.2mm	IT12					
5		总长 22.3mm	IT12					
合计								

学习活动五　评 价 反 馈

学习目标

1. 能与同学、老师进行专业的学习谈话交流。
2. 能分析活动过程中产生偏差的原因。
3. 能进行小结。
4. 按表格及指引客观公正的进行评价。
5. 互动沟通：就所学内容，进行评论或反馈。

建议学时：1 学时。

学习准备

工作页、笔、笔记本、多媒体设备。

学习过程

1. 评价

核心能力评价表见表 3-11，汇总表见表 3-12。

表 3-11　核心能力评价表

学习领域：	项目：					
任务名称：	小组(　　　)　　个人(　　　)					
组名(姓名)：	学号		工位号		工件号	
班级：	日期：					

（续）

序号	行为概况				期待表现		评分(0-1-2)		
	能力种类	能力序号	专业阶段	指标考核	行为指标	选择该指标的理由	自评分	教师/他人评分	差异
1	I	1	2	1	视情况需要，把问题带给适当的人去关注				
2	I	3	2	1	在接受假设和信息之前，先查对验证				
3	I	4	2	1	当遇到挑战时，仍能在对自己的能力、观点或决策表现出自信				
4	I	6	1	1	了解并应用和自己专业相关的健康及安全规范与守则				
5	M	1	2	1	阅读稍长的文字材料，寻找多样性的信息				
6	M	6	2	1	当预定的解决方案无法实施时，找出明确而实用的解决方案				
7	S	1	2	3	就刚才所说的内容，进行评论或反馈				
评估标准 0-1-2(差-一般-良好)						合计			

表 3-12　汇总表

学习领域：			项目：			
任务名称：			小组(　　) 个人(　　)			
组名(姓名)：			学号		工位号	工件号
班级：			日期：			
序号	评估项目	各项评分合计	各项指标数量	100制得分	权重	得分
1	目视检查评价					
2	测量评价					
3	核心能力评价					
合计						

2. 简要谈谈你在学习这个子项目时的工作方式和工作态度。

3. 在学习机器人与夹具连接轴的数控加工这个子项目的过程中你获得了什么新的知识？

4. 你觉得在这个子项目中应该还有什么可以改进的？

____

____

5. 如果有必要，你的同学需要掌握哪些信息才能来接任你这次工作？

____

____

学习任务二　机器人电动机固定板的加工（数控铣床基础技能）

学习目标

1. 能按照车间安全防护规定穿戴劳保用品，执行安全操作规程，牢固树立安全文明操作意识。
2. 能够注写出电动机固定板零件图上的技术要求。
3. 能够口头复述工作任务并明确任务要求。
4. 能够描述加工中心的结构。
5. 能够描述加工中心的分类。
6. 能够描述刀库的形式。
7. 能够描述刀柄的规格。
8. 能够描述铣刀的分类和用途。
9. 能够正确安装铣刀。
10. 能够使用手动和自动进给操作机床。
11. 能够正确进行工件的安装并操作机床进行工件找正。
12. 能够正确录入加工程序。
13. 能够正确使用平面铣功能。
14. 能够正确使用平面轮廓铣功能。
15. 能够正确填写机器人电动机固定板的加工计划。
16. 能够运用教材、手册等，查找相关术语。
17. 能够正确操作加工中心并完成加工。
18. 能够熟练掌握工量具的使用。
19. 能够接受反馈的信息。
20. 能够正确地进行自检。

建议学时

40 学时。

工作情境描述

某机器人公司要生产某品牌机器人，设计部已完成该品牌机器人的本体设计，现需要生产样品（6台）进行测试，该公司负责人了解到我院现有的设备、师资水平、生产能力均能满足该品牌机器人本体的生产，找到我院并将生产样品的任务交予我院。现教师给同学们布置了机器人电动机固定板的加工任务，通过使用数控铣床根据工件、材料正确选择刀具制订加工工艺，完成机器人电动机固定板的加工任务。

接到任务后，同学们根据学校现有的设备和加工产品的特点，根据不同工件材料，选择正确工具，制订工艺流程，应用数控铣床技能，完成机器人电动机固定板的加工，遵循8S管理。

教学流程与活动

一、获取信息

1. 阅读任务书，明确任务要求（1学时）
2. 认识掌握加工中心（4学时）
3. 掌握加工中心的操作（6学时）
4. 学习NX10.0软件的加工模块（4学时）

二、制订机器人电动机固定板的加工计划（2学时）

三、实施机器人电动机固定板的加工（20学时）

四、机器人电动机固定板的加工检测（2学时）

五、评价反馈（1学时）

学习活动一　获 取 信 息

子步骤1：阅读任务书，明确任务要求

学习目标

1. 能够注写出电动机固定板零件图上的技术要求。
2. 能够口头复述工作任务并明确任务要求。

建议学时：1学时。

学习准备

教材、互联网资源、多媒体设备。

学习过程

1. 阅读生产任务单

生产任务单见表3-13。

表 3-13　生产任务单

<table>
<tr><td colspan="2">需方单位名称</td><td colspan="2"></td><td>完成日期</td><td colspan="2">年　月　日</td></tr>
<tr><td>序号</td><td>产品名称</td><td>材料</td><td>数量</td><td colspan="3">技术标准、质量要求</td></tr>
<tr><td>1</td><td>电动机固定板</td><td>3040 铝</td><td>30 套</td><td colspan="3">按图样要求</td></tr>
<tr><td>2</td><td></td><td></td><td></td><td colspan="3"></td></tr>
<tr><td>3</td><td></td><td></td><td></td><td colspan="3"></td></tr>
<tr><td colspan="2">生产批准时间</td><td>年　月　日</td><td>批准人</td><td></td><td></td><td></td></tr>
<tr><td colspan="2">通知任务时间</td><td>年　月　日</td><td>发单人</td><td></td><td></td><td></td></tr>
<tr><td colspan="2">接单时间</td><td>年　月　日</td><td>接单人</td><td></td><td>生产班组</td><td>数控加工组</td></tr>
</table>

2. 人员分工

1）小组负责人：____________________。

2）小组成员及分工。

姓名	分工

3. 图样分析

电动机固定板如图 3-8 所示。

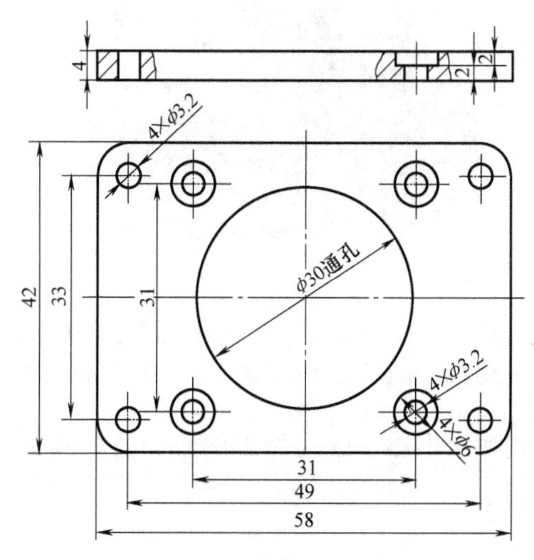

图 3-8　电动机固定板

上图所示有哪些技术要求？

____

____

子步骤 2：认识加工中心

学习目标

1. 能够描述加工中心的结构。

2. 能够描述加工中心的分类。

3. 能够描述刀库的形式。

4. 能够描述刀柄的规格。

建议学时：2 学时。

学习准备

教材、互联网资源、多媒体设备、加工中心。

学习过程

1. 认识加工中心（图 3-9）的基本结构，根据你所学的知识在方框内填写上对应的序号。

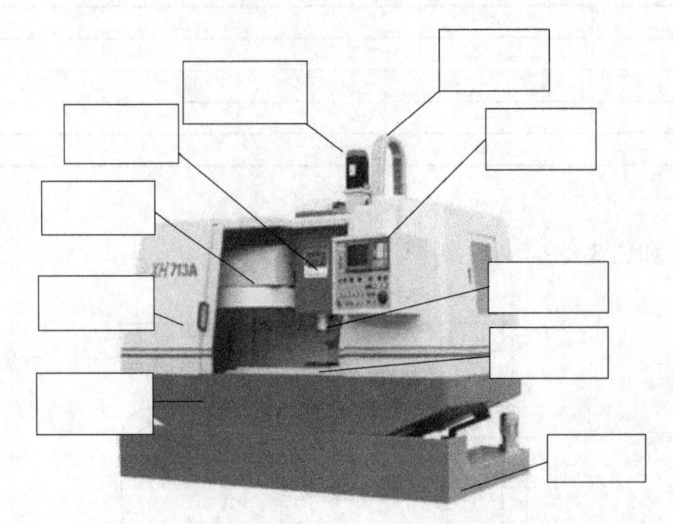

图 3-9　加工中心

①机床本体　②活动防护门　③斗笠式刀库　④进给 Z 轴　⑤Z 轴伺服电动机　⑥护线架
⑦数控系统及其操作面板　⑧变频主轴　⑨X-Y 数控拖板　⑩切削液箱

2. 加工中心可分为立式加工中心、卧式加工中心和龙门式加工中心三种，根据图片识别以下是哪种加工中心。

______　______　______

3. 加工中心刀库形式可分斗笠式、圆盘式、链条式三种。它们的特点见表 3-14，并将名字写在下图横线上。

表 3-14　加工中心刀库形式及特点

刀库形式	斗笠式	圆盘式	链条式
可容纳刀具数目	16～24	20～30	30～120
是否须搭配换刀机构	否	是	是
机械结构	简单	复杂	难度较高
成本			
骨体	使工作空间变小	整机高度较高	大
速度			
适用机种	立式、龙门、卧式顶置式	立式	立式、卧式、五面、五轴龙门

4. 对应日本、美国和德国标准，加工中心刀柄的规格有哪几种，填在下表中。

标　　准	规　　格		
日本标准			
美国标准			
德国标准			

5. 加工中心可用于以下三种基本加工，填在下图对应的横线上。

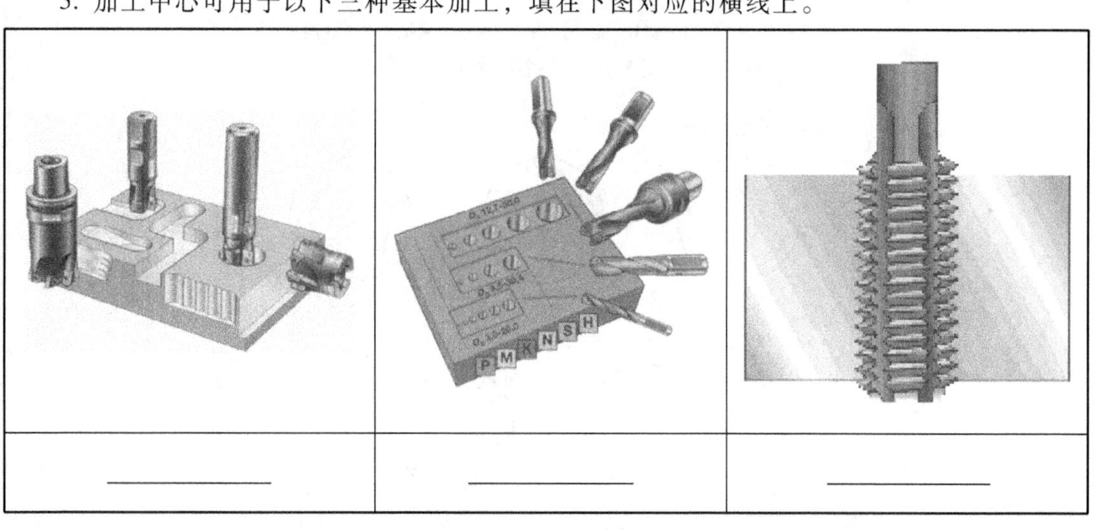

子步骤 3：掌握加工中心的操作

学习目标

1. 能够描述铣刀的分类和用途。
2. 能够正确安装铣刀。
3. 能够使用手动和自动进给操作。
4. 能够正确进行工件的安装和操作机床进行工件找正。
5. 能够正确录入加工程序。

建议学时：8 学时。

学习准备

教材、互联网资源、多媒体设备加工中心。

学习过程

1. 立铣刀的应用，根据图 3-10 填写对应的加工方式。

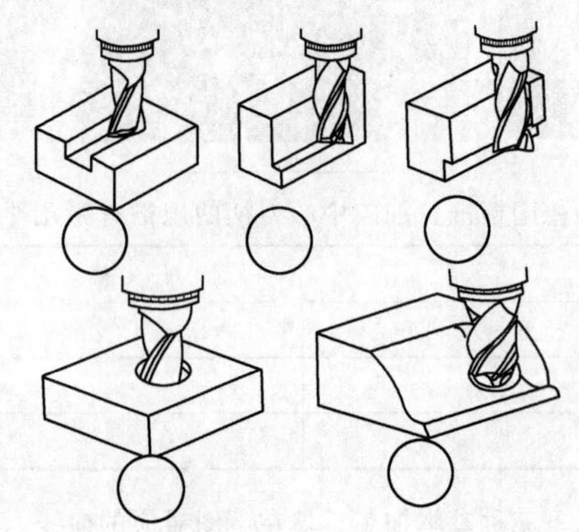

1—铣内腔　2—铣孔　3—铣曲面　4—铣侧面　5—铣沟槽

图 3-10　立铣刀的应用

2. 分析以下刀具的容屑槽形状。

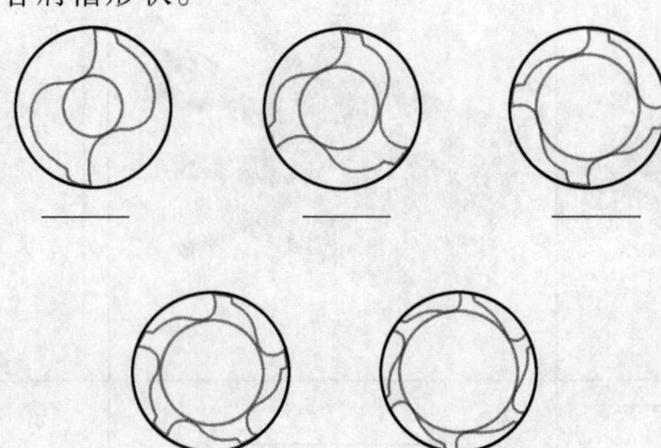

3. 刃数及刚性：容屑槽________则切屑排出性________，刚性________则________折断、挠曲________。

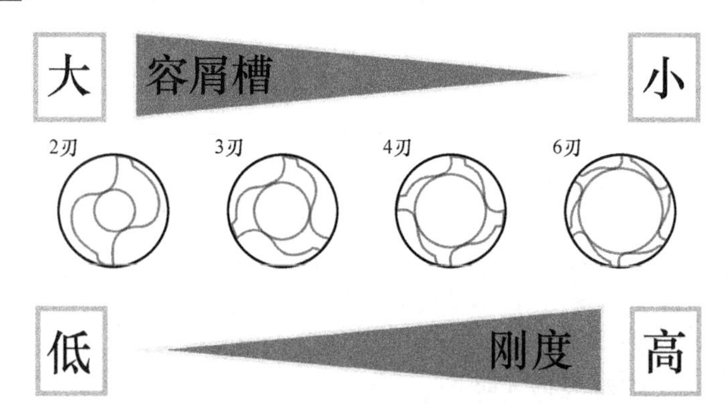

4. 常见铣刀有以下三种，分别是什么刀？主要用于什么加工？

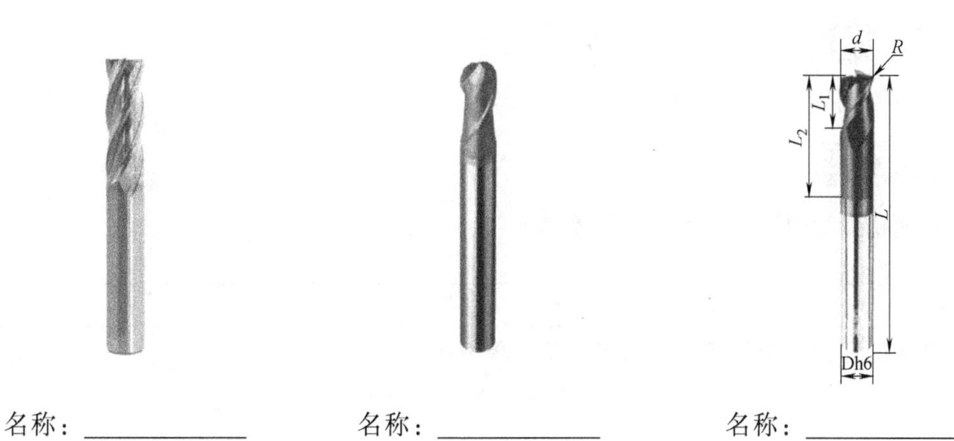

名称：____________　　名称：____________　　名称：____________

用途：____________　　用途：____________　　用途：____________

5. 根据图示标出各部位的名称。

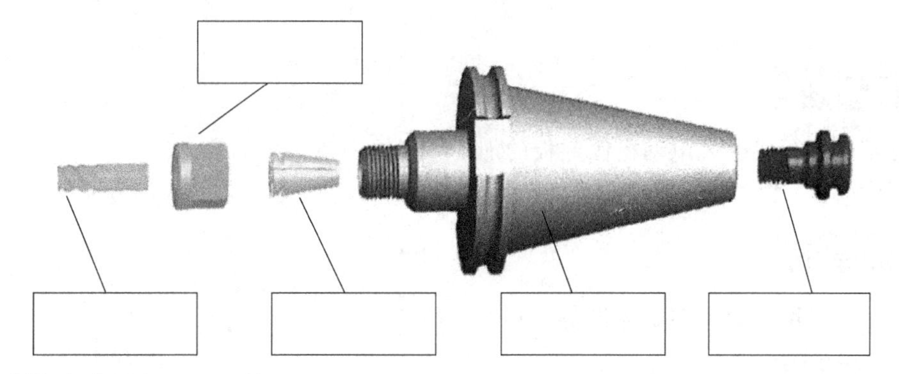

6. 手轮移动量有以下三档：

1） ＊1 为每格________ mm，每圈 0.1mm。

2） ＊10 为每格 0.01mm，每圈________ mm。

3） ＊100 为每格________ mm，每圈________ mm。

7. 工件找正的作用是什么？找正要注意什么问题？

8. 录入程序为什么要输入程序名？

子步骤 4：NX10.0 加工模块

学习目标

1. 能够正确使用平面铣功能。
2. 能够正确使用平面轮廓铣功能。

建议学时：2 学时。

学习准备

教材、互联网资源、多媒体设备。

学习过程

1. 平面铣只能用于什么加工？请简单说明。

2. 平面轮廓铣只能用于什么加工？请简单说明。

学习活动二　制订机器人电动机固定板的加工计划

学习目标

能够正确填写机器人电动机固定板的加工计划。

建议学时：2 学时。

学习准备

教材、互联网资源、多媒体设备。

学习过程

工作计划见表 3-15。

1. 根据计划表你能从中得到什么信息？

2. 填写计划表的要注意什么问题？

3. 填写计划表有何意义？

表 3-15　工作计划

						工作时间(min)	
序号	工作阶段/步骤	工具/材料清单	负责人	工作安全	质量检验	计划	实际
1	绘制零件图并完成刀具路径的编制	NX10.0 软件			合理选择刀具		
2	清除毛坯毛刺	锉刀		避免切割伤害	不损伤表面		
3	检查毛坯原始尺寸	钢直尺					
4	毛坯打印标记	3mm 数控钢印，锤子 300g					
5	工件的装夹	台虎钳，VMC850			工件不能出现干涉		
6	进行工件的对刀找正	VMC850，BT40 刀夹头，ϕ16mm 立铣刀			找到工件中心		
7	进行外形和内孔 ϕ30mm 孔的加工	VMC850，ϕ16mm 立铣刀，内径千分尺			表面粗糙度和尺寸控制		
8	进行 ϕ3.2mm 孔和沉孔的加工	VMC850，ϕ3mm 立铣刀			表面粗糙度和尺寸控制		
9							
10							
工作计划决策与反馈							
课程工作任务名称	机器人机械部件生产与组装						
	机器人电动机固定板的加工						
	工作计划工作页　　编号：LS2-3-2						

学习活动三　实施机器人电动机固定板的加工

学习目标

1. 能够运用教材、手册等，查找相关术语。
2. 能够正确操作加工中心并完成机器人电动机固定板的加工。

建议学时：16 学时。

学习准备

教材、互联网资源、加工中心、多媒体设备。

学习过程

1. ϕ30mm 孔的定位有什么要求？

2. 如何理解术语“去毛刺”？

3. 加工前做记号应该先执行什么工作？

4. 如何理解术语“参照面”？

5. 内孔测量要用到什么量具？

学习活动四　机器人电动机固定板的加工检测

学习目标

能够熟练掌握工量具的使用。

建议学时：2 学时。

学习准备

教材、互联网资源、机器人电动机固定板零件、多媒体设备。

学习过程

目视检查评价表见 3-16，测量评价表见表 3-17。

表 3-16　目视检查评价表

学习领域：	项目：					
任务名称：	小组(　　)		个人(　　)			
组名(姓名)：	学号		工位号		工件号	
班级：	日期：					

（续）

序号	姓名	检查项目	检查标准	评分(10-9-7-5-3-0)		
				自评分	他人评分	差异
1		专业水平清除毛刺	各边的毛刺清除			
2		各表面粗糙度	达到图样标注要求			
3		产品的完整性	完成使用加工项目			
合计						

表 3-17　测量评价表

学习领域:			项目:						
任务名称:			小组(　　) 个人(　　)						
组名(姓名):			学号		工位号		工件号		
班级:			日期:						
序号	姓名	测量项目	测量标准	评分(10 或 0)					
				测量结果	自评分	测量结果	他人评分	差异	
1		总长 58mm							
2		总宽 42mm							
3		ϕ30mm							
4		4×ϕ3.2mm 距离 49mm							
5		4×ϕ3.2mm 距离 33mm							
		⌴ ϕ6mm							
		⌴ ϕ6mm 深 2mm							
合计									

学习活动五　评 价 反 馈

学习目标

1. 能够接受反馈的信息。
2. 能够正确地进行自检。

建议学时：2 学时。

学习准备

教材、互联网资源、多媒体设备。

学习过程

1. 评价

完成表 3-18 所示的核心能力评价表和表 3-19 所示的汇总表。

表 3-18 核心能力评价表

学习领域：						项目：			
任务名称：						小组(　　) 个人(　　)			
组名(姓名)：						学号		工位号	工件号
班级：						日期：			
序号	行为概况				期待表现		评分(0-1-2)		
	能力种类	能力序号	专业阶段	指标考核	行为指标	选择该指标的理由	自评分	教师/他人评分	差异
1	I	3	1	2	检查个人学习输出成果的精确度和完整性，找出其中前后不一或存在矛盾差异等关乎工作质量的问题				
2	I	6	1	1	了解并应用和自己专业相关的健康及安全规范与守则				
3	M	1	1	1	找出在特定问题下的相关佐证信息和材料				
4	M	2	1	1	计划并组织个人的活动，以达成预定的标准或程序				
5	I	4	1	3	能相信自己的才能并运用于目前的学习任务中				
6	I	6	1	3	在工作环境下主动修正明显的危险状况				
7	M	2	1	3	监督个人工作的品质及时效性				
8	M	6	1	1	根据确定的基本因素，辨识基本问题所在				
9	S	2	1	2	完成公平分配的份内工作。视需要寻求其他团队成员的协助				
评估标准 0-1-2(差-一般-良好)						合计			

表 3-19 汇总表

学习领域：			项目：			
任务名称：			小组(　　) 个人(　　)			
组名(姓名)：			学号	工位号	工件号	
班级：			日期：			
序号	评估项目	各项评分合计	各项指标数量	100 制得分	权重	得分
1	目视检查评价					
2	测量评价					
3	核心能力评价					
合计						

2. 在进行这个项目的过程中你有何收获？

3. 如果下次你分配了一个类似的任务你能在什么地方进行改进？

学习任务三　机器人部件的加工（运用数控加工技能）

学习目标

1. 能够注写机器人部件相关零件图上的技术要求。
2. 能够口头复述工作任务并明确任务要求。
3. 能够正确填写机器人部件零件的加工计划。
4. 能够发现计划中的不足。
5. 能够对计划提出可行的建议。
6. 能够运用教材、手册等，查找相关术语。
7. 能够正确操作加工中心并完成加工。
8. 能够正确使用工量具完成测量。
9. 能够熟练掌握工量具的使用。
10. 能够接受反馈的信息。
11. 能够正确地进行自检。

建议学时

72 学时。

工作情境描述

某机器人公司要生产某品牌机器人，设计部已完成该品牌机器人的本体设计，现需要生产样品（6 台）进行测试，该公司负责人了解到我院现有的设备、师资水平、生产能力均能满足该品牌机器人本体的生产，找到我院将生产样品的任务交予我院。现教师给同学们布置了机器人部件的加工任务，通过使用数控铣床根据工件、材料正确选择刀具、制订加工工艺，完成机器人部件的加工任务。

接到任务后，同学们根据学校现有的设备和加工产品的特点，根据不同工件材料，选择正确工具，制订工艺流程，应用数控铣床技能，完成机器人部件的加工，遵循 8S 管理。

教学流程与活动

一、明确任务要求（1 学时）

二、制订机器人部件的加工计划（4学时）

三、评估机器人部件的加工计划（2学时）

四、实施机器人部件的加工（60学时）

五、机器人部件的加工检测（4学时）

六、评价反馈（1学时）

学习活动一　获取信息

学习目标

1. 能够注写机器人部件相关零件图上的技术要求。
2. 能够口头复述工作任务并明确任务要求。

建议学时：1学时。

学习准备

教材、互联网资源、多媒体设备。

学习过程

1. 阅读生产任务单

生产任务单见表3-20。

表3-20　生产任务单

<table>
<tr><td colspan="2">需方单位名称</td><td colspan="2"></td><td>完成日期</td><td colspan="3">年　月　日</td></tr>
<tr><td>序号</td><td>产品名称</td><td>材料</td><td>数量</td><td colspan="4">技术标准、质量要求</td></tr>
<tr><td>1</td><td>机器人部件的生产</td><td>3040铝</td><td>6套</td><td colspan="4">按图样要求</td></tr>
<tr><td>2</td><td></td><td></td><td></td><td colspan="4"></td></tr>
<tr><td>3</td><td></td><td></td><td></td><td colspan="4"></td></tr>
<tr><td colspan="2">生产批准时间</td><td>年　月　日</td><td>批准人</td><td colspan="2"></td><td></td><td></td></tr>
<tr><td colspan="2">通知任务时间</td><td>年　月　日</td><td>发单人</td><td colspan="2"></td><td></td><td></td></tr>
<tr><td colspan="2">接单时间</td><td>年　月　日</td><td>接单人</td><td colspan="2"></td><td>生产班组</td><td></td></tr>
</table>

2. 人员分工

1）小组负责人：________________________________。

2）小组成员及分工。

姓名	分工

3. 图样分析

机器人部件部分零件如图 3-11～图 3-16 所示。

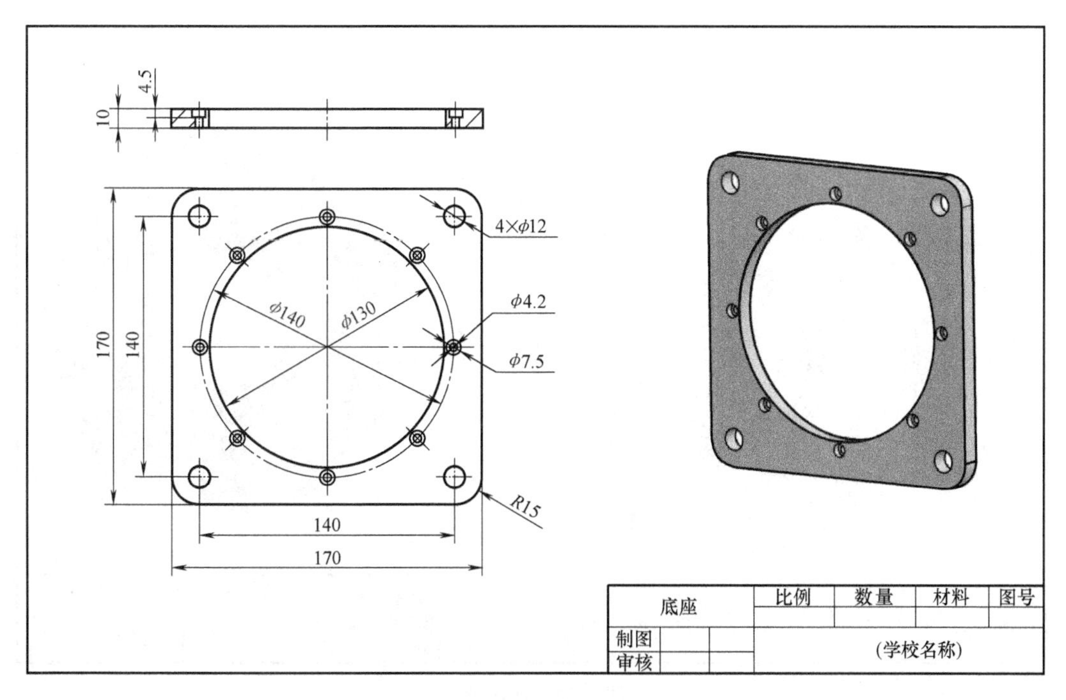

图 3-11　底座

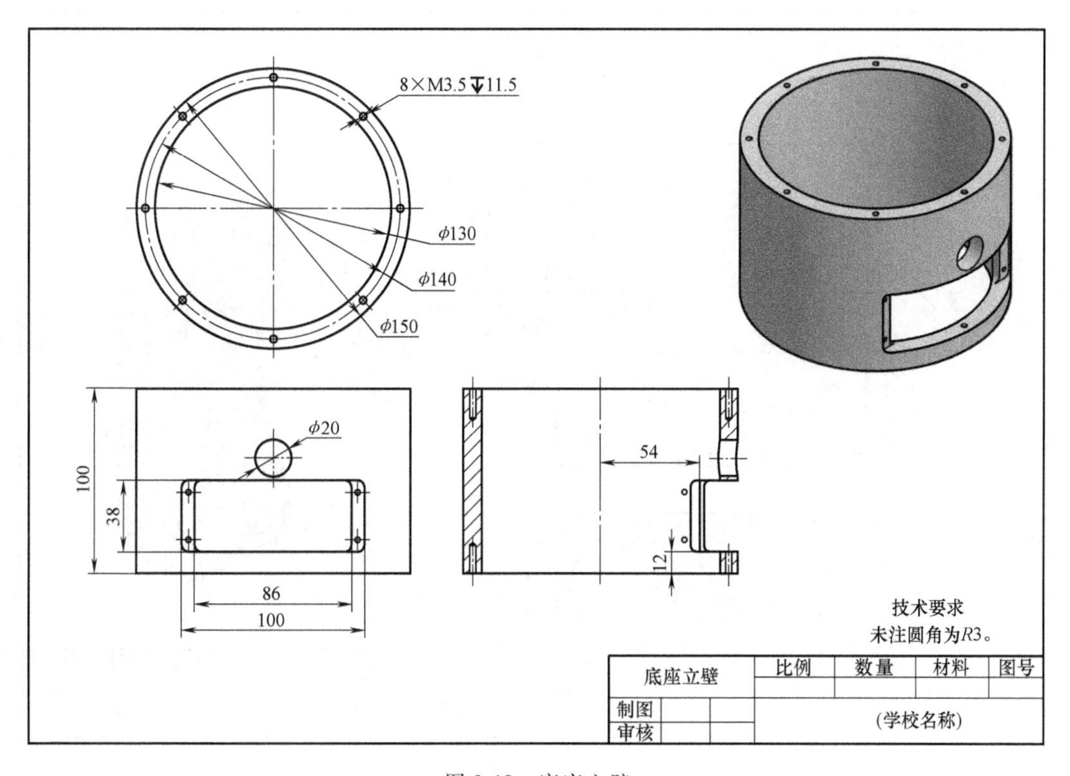

图 3-12　底座立壁

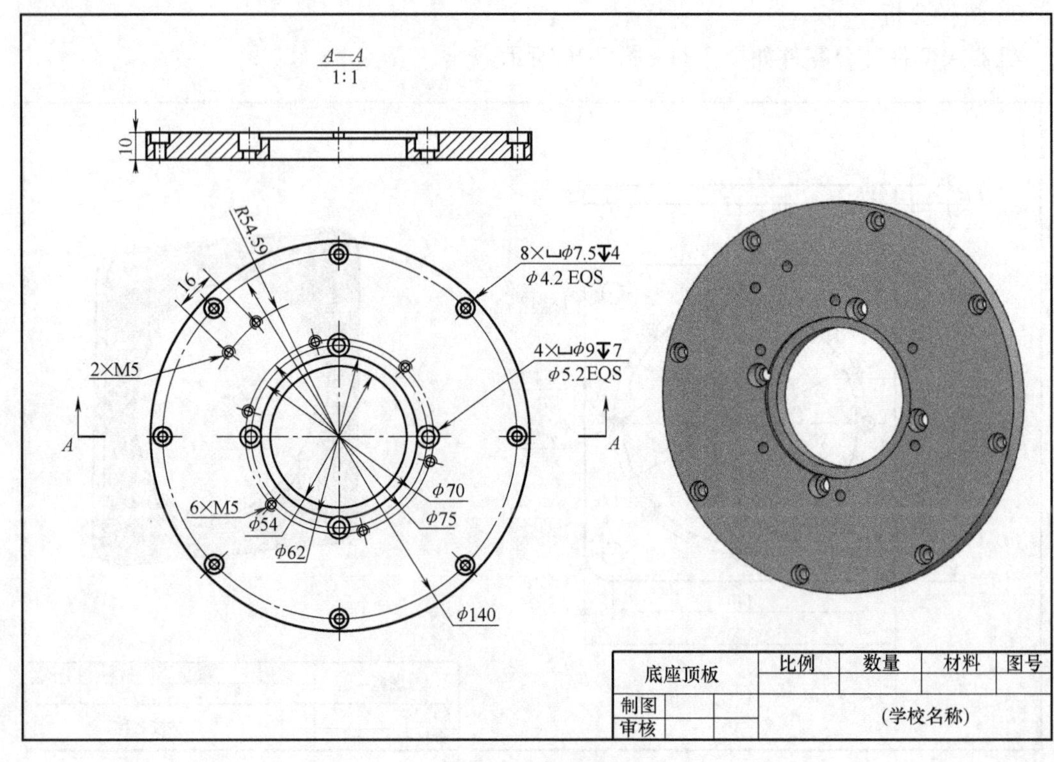

图 3-13　底座顶板

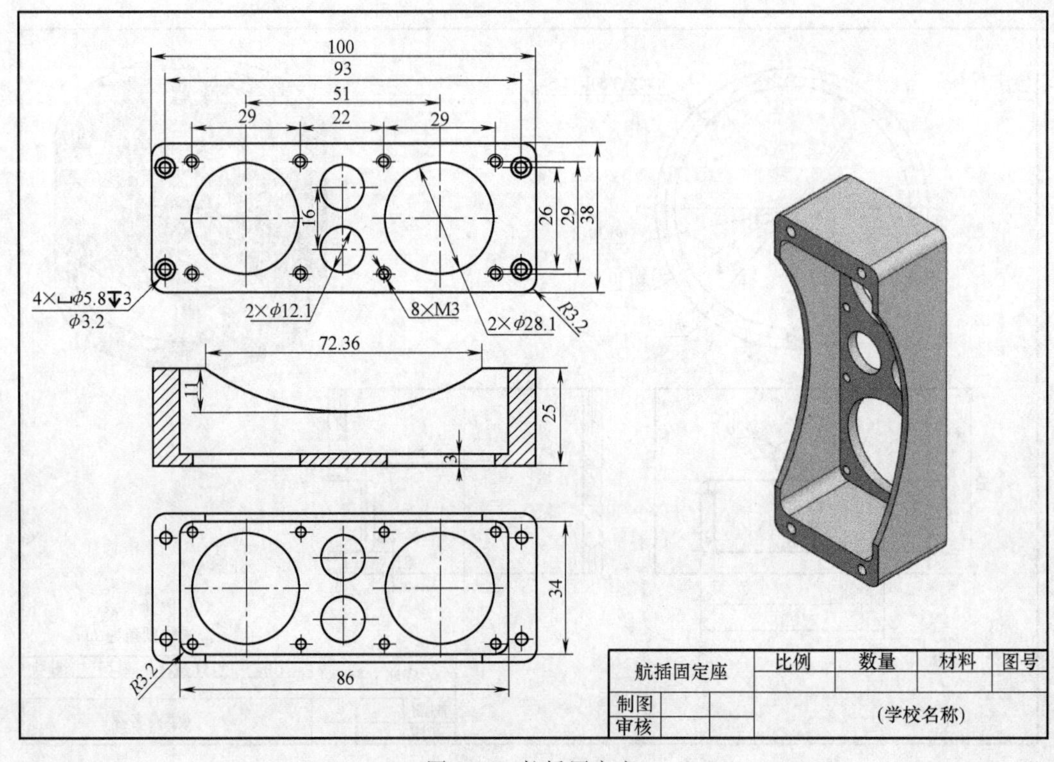

图 3-14　航插固定座

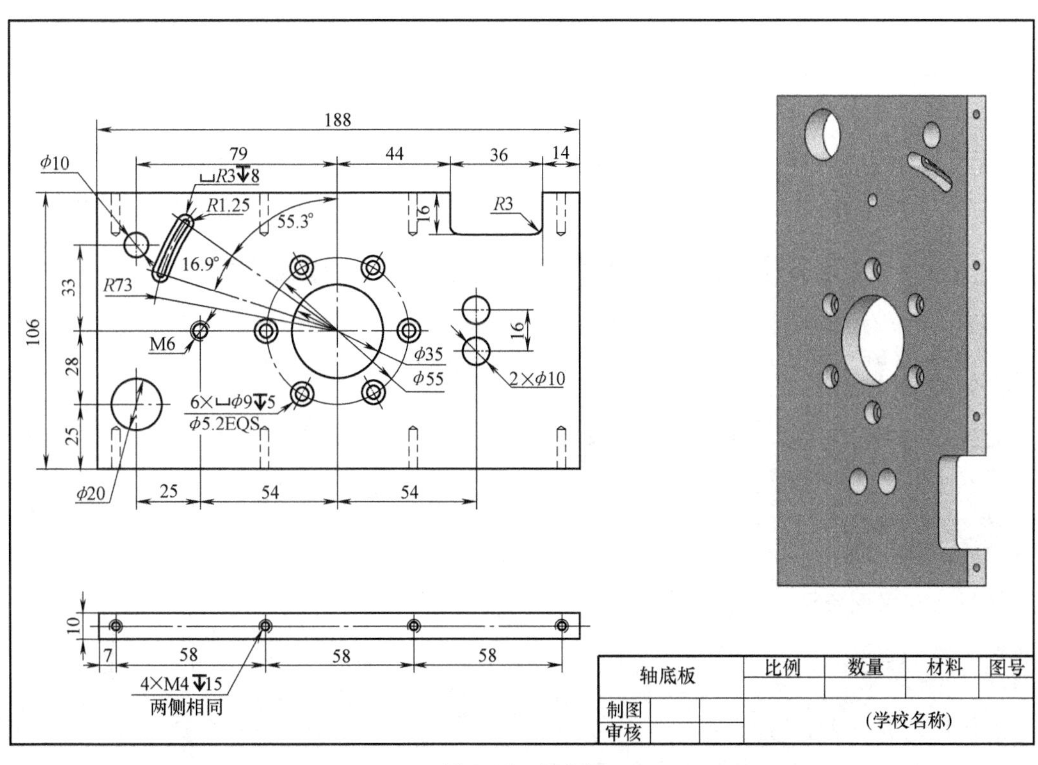

图 3-15　轴底板

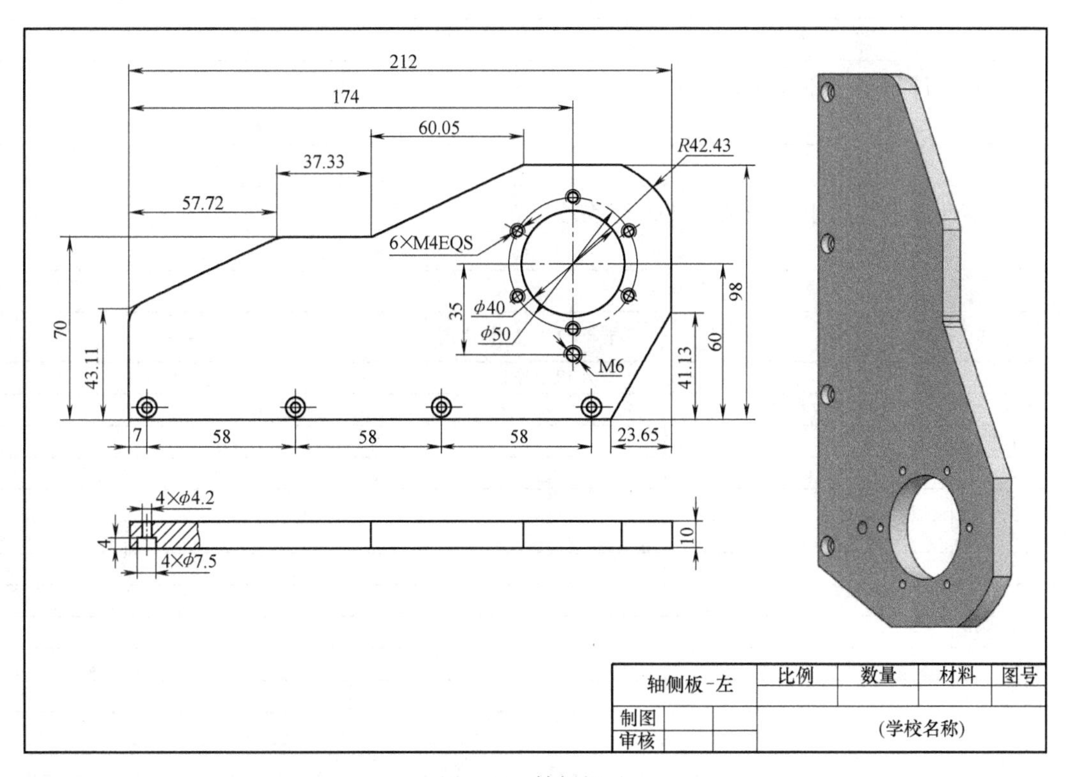

图 3-16　轴侧板-左

分析上面各零件图写下相关的技术要求。

学习活动二　制订机器人部件的加工计划

学习目标

能够正确填写机器人部件的加工计划。
建议学时：2 学时。

学习准备

教材、互联网资源、多媒体设备。

学习过程

工作计划表见表 3-21。

1. 根据计划表你能从中得到什么信息？

2. 填写计划表时要注意什么问题？

3. 本任务中你为小组提供了什么有效意见？

表 3-21　工作计划

<table>
<tr><td colspan="3">小组工作计划</td></tr>
<tr><td>序号</td><td>小组成员名称</td><td>负责的工作任务</td></tr>
<tr><td>1</td><td></td><td></td></tr>
<tr><td>2</td><td></td><td></td></tr>
<tr><td>3</td><td></td><td></td></tr>
<tr><td>4</td><td></td><td></td></tr>
<tr><td>5</td><td></td><td></td></tr>
<tr><td>6</td><td></td><td></td></tr>
<tr><td>7</td><td></td><td></td></tr>
<tr><td>8</td><td></td><td></td></tr>
<tr><td>9</td><td></td><td></td></tr>
<tr><td colspan="2" rowspan="3">课程工作任务名称</td><td>机器人机械部件生产与组装</td></tr>
<tr><td>机器人部件的加工</td></tr>
<tr><td>工作计划工作页　　编号：LS2-3-4</td></tr>
</table>

（续）

工件生产工作计划							
加工工件名称：机器人部件							
序号	工作阶段/步骤	工具/材料清单	负责人	工作安全	质量检验	计划完成时间/min	实际完成时间/min
1							
2							
3							
4							
5							
6							
7							
8							
9							
10							
工作计划决策与反馈							
课程工作任务名称	机器人机械部件生产与组装						
	机器人部件的加工						
	工作计划工作页　　编号：LS2-3-4						

学习活动三　评估机器人部件的加工计划

学习目标

1. 能够发现计划中的不足。
2. 能够对计划提出可行的建议。

建议学时：2 学时。

学习准备

教材、互联网资源、多媒体设备。

学习过程

1. 记录本组计划的不足之处。

____

____

2. 记录计划中修改的内容。

____

____

学习活动四　实施机器人部件的加工

学习目标

1. 能够运用教材、手册等，查找相关术语。
2. 能够正确操作加工中心并完成加工。

建议学时：60 学时。

学习准备

教材、互联网资源、加工中心、多媒体设备。

学习过程

1. 加工过程中如何保证各零件的质量?

2. 加工通孔与沉孔要注意什么问题?

3. 加工内孔或内槽时要采用什么加工方法。

4. 加工时如何选择加工的顺序?

5. 如何提高完成任务的速度?

学习活动五　机器人部件的加工检测

学习目标

能够正确使用量具完成测量。

建议学时：4 学时。

学习准备

教材、互联网资源、机器人部件全部零件、多媒体设备、量具。

学习过程

检测评价

目视检查评价表见表 3-22，测量评价表见表 3-23。

表 3-22　目视检查评价表

学习领域：			项目：			
任务名称：			小组（　　　）　个人（　　　）			
组名（姓名）：			学号	工位号	工件号	
班级：			日期：			
序号	姓名	检查项目	检查标准	评分（10-9-7-5-3-0）		
				自评分	他人评分	差异
1		专业水平清除毛刺	各边的毛刺清除			
2		各表面粗糙度	达到图样标注要求			
3		产品的完整性	完成使用加工项目			
合计						

表 3-23　测量评价表

学习领域：			项目：					
任务名称：			小组（　　　）　个人（　　　）					
组名（姓名）：			学号		工位号		工件号	
班级：			日期：					
序号	姓名	测量项目	测量标准	评分（10 或 0）				
				测量结果	自评分	测量结果	他人评分	差异
1								
2								
3								
4								
5								
6								
7								
8								
9								
合计								

学习活动六　评 价 反 馈

学习目标

1. 能够接受反馈的信息。
2. 能够正确地进行自检。

建议学时：2 学时。

学习准备

教材、互联网资源、多媒体设备。

学习过程

1. 评价

核心能力评价表见表 3-24，汇总表见表 3-25。

表 3-24　核心能力评价表

<table>
<tr><td colspan="6">学习领域：</td><td colspan="4">项目：</td></tr>
<tr><td colspan="6">任务名称：</td><td colspan="4">小组(　　　)　个人(　　　)</td></tr>
<tr><td colspan="6">组名(姓名)：</td><td colspan="4">学号 |　　| 工位号 |　　| 工件号 |　　</td></tr>
<tr><td colspan="6">班级：</td><td colspan="4">日期：</td></tr>
<tr><td rowspan="2">序号</td><td colspan="4">行为概况</td><td colspan="2">期待表现</td><td colspan="3">评分(0-1-2)</td></tr>
<tr><td>能力种类</td><td>能力序号</td><td>专业阶段</td><td>指标考核</td><td>行为指标</td><td>选择该指标的理由</td><td>自评分</td><td>教师/他人评分</td><td>差异</td></tr>
<tr><td>1</td><td>I</td><td>1</td><td>3</td><td>1</td><td>辨识自己职责范围中的重要问题和疑难问题，主动采取行动，而不是等待或者希望这个问题能自行解决</td><td></td><td></td><td></td><td></td></tr>
<tr><td>2</td><td>I</td><td>2</td><td>2</td><td>4</td><td>持续取得和应用新的知识，并学习改进学业成果</td><td></td><td></td><td></td><td></td></tr>
<tr><td>3</td><td>I</td><td>3</td><td>1</td><td>2</td><td>检查个人学习输出成果的精确度和完整性，找出其中前后不一或存在矛盾差异等关乎工作质量的问题</td><td></td><td></td><td></td><td></td></tr>
<tr><td>4</td><td>M</td><td>1</td><td>3</td><td>1</td><td>能在收集和分析资料和信息的基础上，找到修正信息的方法</td><td></td><td></td><td></td><td></td></tr>
<tr><td>5</td><td>M</td><td>2</td><td>3</td><td>2</td><td>提出实际且可达成的工作计划</td><td></td><td></td><td></td><td></td></tr>
<tr><td>6</td><td>S</td><td>1</td><td>2</td><td>1</td><td>回想他人的主要观点，并在个人沟通时，将那些观点列入考量</td><td></td><td></td><td></td><td></td></tr>
<tr><td>7</td><td>S</td><td>2</td><td>2</td><td>1</td><td>展开与他人的合作关系。承担额外的职责以促进团队目标的达成</td><td></td><td></td><td></td><td></td></tr>
<tr><td colspan="6">评估标准
0-1-2(差-一般-良好)</td><td>合计</td><td></td><td></td><td></td></tr>
</table>

表 3-25　汇总表

<table>
<tr><td colspan="3">学习领域：</td><td colspan="8">项目：</td></tr>
<tr><td colspan="3">任务名称：</td><td colspan="8">小组(　　　)　　个人(　　　)</td></tr>
<tr><td colspan="3">组名(姓名)：</td><td>学号</td><td></td><td colspan="2">工位号</td><td></td><td>工件号</td><td colspan="2"></td></tr>
<tr><td colspan="3">班级：</td><td colspan="8">日期：</td></tr>
<tr><td>序号</td><td>评估项目</td><td>各项评分合计</td><td colspan="2">各项指标数量</td><td colspan="2">100 制得分</td><td colspan="2">权重</td><td colspan="2">得分</td></tr>
<tr><td>1</td><td>目视检查评价</td><td></td><td colspan="2"></td><td colspan="2"></td><td colspan="2"></td><td colspan="2"></td></tr>
<tr><td>2</td><td>测量评价</td><td></td><td colspan="2"></td><td colspan="2"></td><td colspan="2"></td><td colspan="2"></td></tr>
<tr><td>3</td><td>核心能力评价</td><td></td><td colspan="2"></td><td colspan="2"></td><td colspan="2"></td><td colspan="2"></td></tr>
<tr><td colspan="5">合计</td><td colspan="2"></td><td colspan="2"></td><td colspan="2"></td></tr>
</table>

2. 在进行这个项目的过程中你有何收获？

____

____

____

____

____

3. 如果下次你分配了一个类似的任务你能在什么地方进行改进？

____

____

____

____

____

学习任务四　机器人的总装及调试（运用装配和再加工技能）

学习目标

1. 能够识读生产任务单、任务分工表、装配图样。
2. 能够口头复述工作任务并明确任务要求。
3. 能够完成机器人的总装及调试派工单的填写。
4. 能够按小组分工完成各部件的总装计划表的填写。
5. 能够按小组分工完成各部件的装配计划表的填写。
6. 能够发现计划中的不足。
7. 能够对计划提出可行的建议。

8. 能够运用教材、手册等，查找相关术语。

9. 能够有条理按计划并综合运用各项技能完成机器人的总装及调试。

10. 能够解决任务中的“复杂问题”。

11. 能够在考虑到“解决复杂问题”的情况下，确定各部件的装配顺序。

12. 能够接受反馈的信息。

13. 能够正确地进行自检。

14. 能主动获取有效信息，展示工作成果，对学习与工作进行总结反思，能与他人合作，进行有效沟通。

建议学时

42 学时。

工作情境描述

某机器人公司要生产某品牌机器人，设计部已完成该品牌机器人的本体设计，现需要生产样品（6 台）进行测试，该公司负责人了解到我院现有的设备、师资水平、生产能力均能满足该品牌机器人本体的生产，找到我院并将生产样品的任务交予我院。现教师给同学们布置了机器人的总装及调试任务，通过老师对总装的介绍、总装的指导示范，了解正确的装配方法，对机器人本体进行合理装配及调试，最终完成机器人的总装及调试任务。

接到任务后，同学们根据学校现有的实习工作站的特点，完成了机器人的总装及调试，遵循 8S 管理。

教学流程与活动

一、获取信息

1. 阅读任务书，明确任务要求

通过“机器人的总装及调试”项目装配图样介绍装配技术要求（装配图的技术要点），口头复述工作任务并明确任务要求，完成生产任务单填写，进行团队分工完成任务分工表（2 学时）

2. 通过 PPT 和思维导图的方式学习机器人装配相关理论知识与总装（装配零件、匹配和公差、机器人的总装工艺、机器人减速器、速度计算、传动比计算），机器人减速器（组成、特点、种类、工作原理、在机器人中的应用、选择），机器人减速器速度计算、传动比计算，机器人的总装分析（18 学时）

二、制订机器人的总装及调试计划（4 学时）

三、评估机器人的总装及调试计划（2 学时）

四、实施机器人的总装及调试（12 学时）

五、机器人的总装及调试检测（2 学时）

六、评价反馈（2 学时）

学习活动一　获取信息

子步骤 1：阅读任务书，明确任务要求

学习目标

1. 能够识读生产任务单、任务分工表、装配图样。
2. 能够口头复述工作任务并明确任务要求。
3. 能够完成机器人的总装及调试派工单的填写。

建议学时：2 学时。

学习准备

教材、互联网资源、多媒体设备。

学习过程

1. 阅读生产任务单

生产任务单见表 3-26。

表 3-26　生产任务单

需方单位名称				完成日期	年　月　日	
序号	产品名称	材料	数量	技术标准、质量要求		
1	机器人本体	3040 铝	5 套	按装配要求		
2						
生产批准时间		年　月　日	批准人			
通知任务时间		年　月　日	发单人			
接单时间		年　月　日	接单人		生产班组	

2. 人员分工

1）小组负责人：________________。

2）小组成员及分工。

姓名	分工

3. 图样分析

机器人本体装配图和各轴装配图如图 1-28～图 1-34 所示。

图 1-28～图 1-34 中有哪些技术要求？

子步骤 2：理论知识

学习目标

能主动获取有效信息，展示工作成果，对学习与工作进行总结反思，能与他人合作进行有效沟通。

建议学时：18 学时。

学习准备

教材、互联网资源、多媒体设备。

学习过程

1. 轴承体和定位环装配主轴时，需要注意哪些事项？

2. 组装轴承体时，对整体功能有哪些影响？应该注意哪些事项？

3. 装配连接活动的部件时，需要注意哪些事项？

4. 哪些润滑剂可以用于滚动轴承的润滑？

5. 装配滚动轴承时轴承间隙可通过六角螺母进行调节，需要注意哪些问题？

学习活动二　制订机器人的总装及调试计划

学习目标

1. 能够按小组分工完成各部件的总装计划表的填写。
2. 能够按小组分工完成各部件的装配计划表的填写。

建议学时：4 学时。

学习准备

教材、互联网资源、多媒体设备。

学习过程

总装工作计划见表 3-27，装配工作计划见表 3-28。

1. 根据计划表你能从中得到什么信息？

____

____

2. 填写计划表时要注意什么问题？

____

____

3. 填写计划表有何意义？

____

____

表 3-27　总装工作计划

序号	工作阶段/步骤	工具/材料清单	负责人	工作安全	质量检验	计划完成时间/min	实际完成时间/min
1							
2							
3							
4							
5							
6							
7							
8							
9							
10							
工作计划决策与反馈							
课程工作任务名称	机器人机械部件生产与组装						
	机器人的总装及调试						
	工作计划工作页　　编号:LS2-1-4						

表 3-28　装配工作计划

序号	工作阶段/步骤	工具/材料清单	负责人	工作安全	质量检验	计划完成时间/min	实际完成时间/min
1							
2							
3							
4							

（续）

序号	工作阶段/步骤	工具/材料清单	负责人	工作安全	质量检验	计划完成时间/min	实际完成时间/min
5							
6							
7							
8							
9							
10							
工作计划决策与反馈							
课程工作任务名称		机器人机械部件生产与组装					
		机器人的总装及调试					
		工作计划工作页　　编号：LS2-1-4					

学习活动三　评估机器人的总装及调试计划

学习目标

1. 能够发现计划中的不足。
2. 能够对计划提出可行的建议。

建议学时：2 学时。

学习准备

教材、互联网资源、多媒体设备。

学习过程

1. 记录本组计划的不足之处。

____

____

2. 记录计划中修改的内容。

____

____

学习活动四　实施机器人的总装及调试

学习目标

1. 能够有条理按计划并综合运用各项技能完成总装及调试。

2. 能够解决任务中的“复杂问题”。

3. 能够在考虑到“解决复杂问题”的情况下，确定各部件的装配顺序。

建议学时：12 学时。

学习准备

教材、互联网资源、加工中心、多媒体设备。

学习过程

1. 组装部件过程中遇到了什么问题？

2. 进行机械组装时应该注意些什么问题？

3. 功能调试本体运动时应先调试哪个轴？

4. 复杂问题的解决

在装配实施表里将在装配各部件中所积累的经验进行巩固和转化。在前面的工作（练习）中可能已经出现了一些复杂的问题。在这个背景下，请各小组思考：在各部件装配时可能会出现哪些专业上和组织上的复杂问题，并请你对此给出相应的解决方案。

请你书面记录下这些方案建议，并且就此与其他小组和培训教师进行讨论。

学习活动五　机器人的总装及调试检测

学习目标

能够运用装配和再加工技能进行功能调试。

建议学时：2 学时。

学习准备

教材、互联网资源、机器人本体、多媒体设备。

学习过程

目视检查评价表见表 3-29，测量评价表见表 3-30。

表 3-29　目视检查评价表

学习领域：			项目：					
任务名称：			小组(　　) 个人(　　)					
组名(姓名)：			学号		工位号		工件号	
班级：			日期：					
序号	姓名	检查项目	检查标准	评分(10-9-7-5-3-0)				
				自评分	他人评分	差异		
1		产品的完整性	目测检查是否完成总装					
2		功能检测	是否根据各轴正常运动					
合计								

表 3-30　测量评价表

学习领域：			项目：							
任务名称：			小组(　　) 个人(　　)							
组名(姓名)：			学号		工位号		工件号			
班级：			日期：							
序号	姓名	测量项目	测量标准	评分(10 或 0)						
				测量结果	自评分	测量结果	他人评分	差异		
1										
2										
3										
4										
5										
6										
7										
合计										

学习活动六　评 价 反 馈

学习目标

1. 能够接受反馈的信息。
2. 能够正确地进行自检。

建议学时：2 学时。

学习准备

教材、互联网资源、多媒体设备。

学习过程

1. 评价

核心能力评价表见表 3-31，汇总表见表 3-32。

表 3-31　核心能力评价表

学习领域：					项目：			
任务名称：					小组(　　) 个人(　　)			
组名(姓名)：					学号	工位号	工件号	
班级：					日期：			
序号	行为概况				期待表现		评分(0-1-2)		
	能力种类	能力序号	专业阶段	指标考核	行为指标	选择该指标的理由	自评分	教师/他人评分	差异
1	I	2	1	3	反省已完成的学习任务，判定哪些做得好、哪些不好，以及如何改改进学习成果				
2	I	3	1	3	在采取行动或做出决策之前，检视单一情况的所有相关信息或涉及面				
3	M	3	1	4	做出鲜少失误或零失误的决策				
评估标准 0-1-2(差-一般-良好)						合计			

表 3-32　汇总表

学习领域：			项目：			
任务名称：			小组(　　) 个人(　　)			
组名(姓名)：			学号	工位号	工件号	
班级：			日期：			
序号	评估项目	各项评分合计	各项指标数量	100 制得分	权重	得分
1	目视检查评价					
2	测量评价					
3	核心能力评价					
4	信息，计划和团队能力					
5	自我评分(信息，计划和团队能力)					
合计						

2. 在进行这个项目的过程中你有何收获？

____

____

3. 如果下次你分配了一个类似的任务你能在什么地方进行改进？

____

____